W0057737

Erwin Thoma

DICH SAH ICH WACHSEN

Erwin Thoma

DICH SAH ICH WACHSEN

Was der Großvater noch über Bäume wusste

Dieses Buch widme ich dem Zimmerer
Gottlieb Brugger (1907–1999),
dem ich viele wertvolle Anregungen verdanke.

4. Auflage 2018
© 2016 Servus bei Benevento Publishing,
eine Marke der Red Bull Media House GmbH, Wals bei Salzburg

Medieninhaber, Verleger und Herausgeber:
Red Bull Media House GmbH
Oberst-Lepperdinger-Straße 11–15, 5071 Wals bei Salzburg, Österreich

Bildnachweis: S. 5, 129: Thoma Holz GmbH/Erwin Thoma;
S. 26: ÖNB/Wien (59096-B); S. 27: ÖNB/Wien (Pk 4964, 13, 82);
S. 99, 115, 119: Stefan Pfeiffer/Freilichtmuseum Großgmain;
S. 104: ÖNB/Wien (43227-B); S. 106: ÖNB/Wien (FO25679);
S. 108: ÖNB/Wien (B5 1787/10); S. 112: ÖNB/Wien (HEY035836)
Illustrationen: alle Illustrationen von Ernst Muthwill,
ausgenommen: S. 83, 84: Helmut Huber

Buchtitel »Dich sah ich wachsen« aus der »Ode an das Holz«
(Oda a la Madera) von Pablo Neruda.
Pablo Neruda, Das lyrische Werk
© Luchterhand Literaturverlag München,
in der Verlagsgruppe Random House GmbH
Gedicht, S. 160 © Fritz Gillinger
Umschlaggestaltung, Umschlagabbildung und
Illustration Kapitelaufmacher: Andreas Posselt
Autorenporträt: Jan Ludwig/Thoma Holz GmbH
Printed in the Czech Republic
ISBN 978-3-7104-0112-1

Inhaltsverzeichnis

Ode an das Holz

Pablo Neruda

Ach, soviel ich auch kenne
und immer wieder kenne,
unter allen Dingen
ist meine beste Freundin
das Holz.
Ich trage durch die Welt
an meinem Leib mit mir, in meiner Kleidung
Geruch von Sägemühlen,
roter Bretter Duft.
Meine Brust, meine Stimme,
sie sogen sich in der Kindheit
mit Bäumen voll, die niederstürzten,
mit gewaltigen Wäldern
voll künftiger Bauten.
Ich lauschte, wenn sie einhieben
auf die gigantische
Lärche,
den Lorbeerbaum vierzig Meter hoch.
Axt und Gurt
des winzigen Holzfällers
fällten schnell
ihre stolze Säule,
es siegt der Mensch und hinstürzt
voller Wohlgeruch die Säule,
die Erd erzittert, ein dumpfer
Donner, dunkles Seufzen
der Wurzeln, und da

überflutet die Sinne mir
eine Woge
von Waldesdüften.
Das war in der Kindheit, geschah auf
den feuchten Erden, fern
in der Wildnis des Südens,
auf den grünen,
lieblich duftenden
Archipelen,
vor mir
wurden Balken geschaffen,
schlummernde,
wie Eisen schwer,
Bretter,
helltönend und schmal.
Stählern ihre Liebe singend,
knirschte die Säge,
es heulte die scharfe Schneide,
die metallische Klage
der Säge, die,
einer gebärenden Mutter gleich,
das Brot des Waldes schnitt
und ein Kind zur Welt brachte inmitten
des Lichts
und der Wildnis,
aufreißend das Innere
der Natur,
Schlösser
erschaffend von Holz,
Wohnungen für den Menschen,
Schulen und Särge,

Axtstiele und Tische.
Alles
dort im Walde
lag unter dem feuchten Laub
im Schlaf,
als ein Mann,
sich gürtend
und die Axt erhebend,
begann,
des Baumes reines
Gepränge zu schlagen,
und dieses
fällt,
Donner und Wohlgeruch stürzen,
damit aus ihnen das Bauwerk
erstehe, die Form,
das Gebäude
unter den Händen des Menschen.
Dich kenne ich, dich lieb ich,
dich sah ich wachsen,
Holz.
Darum,
so ich dich anrühre,
antwortest du
wie ein geliebter Leib,
du weisest mir
deine Augen und deine Fasern,
deine Knorren, deine Male,
deine Adern,
die reglosen Flüssen gleichen.
Ich weiß,

13

was sie
singen
mit Windes Stimme,
ich lausche
der stürmenden Nacht,
des Pferdes
Galopp in der Wildnis,
ich rühre dich an, und du,
wie eine spröde Rose,
die nur für mich zum Leben wiedererblüht,
öffnest dich,
den Duft
mir schenkend und das Feuer,
die gestorben schienen.
Unter dem stumpfen Anstrich
ahne ich deine Poren,
erstickt schon, rufst du mich,
und ich höre dich,
fühle
die Bäume
schwanken,
die meine Kindheit überschattet,
sehe
aus dir,
einem Flug von Ozean
und Tauben gleich,
die Schwingen der Bücher fliegen
das Papier
von morgen,
für den Menschen
das reine Papier für den reinen Menschen,

der morgen leben wird
und der heut geboren,
beim Tönen einer Säge,
beim Zerreißen
von Licht, Klang und Blut.
Das ist das Sägewerk
der Zeit,
umsinkt
die dunkle Wildnis, dunkel
ward geboren der Mensch,
es fallen die schwarzen Blätter,
und erdrückt das Dröhnen der Schlacht,
das Wort haben zur gleichen Zeit
Tod und Leben;
wie einer Geige entstiegen, erhebt sich
das Lied oder die Klage
der Säge im Wald,
und so ersteht
das Holz
und beginnt seinen Lauf durch die Welt,
bis es der stille Erbauer ist,
vom Eisen zersägt und durchbohrt,
leidend und schirmend
die Wohnstatt
errichtet,
wo täglich
einander begegnen werden der Mann, die Frau
und das Leben.

Über den Titel dieses Buches

»Dich sah ich wachsen« ist eine Zeile aus der wunderschön poetischen »Ode an das Holz« des chilenischen Dichters Pablo Neruda. Der 1904 in Parral, Chile, geborene Neruda – bürgerlicher Name: Neftalí Ricardo Reyes Basoalto – gilt als einer der größten lateinamerikanischen Lyriker des 20. Jahrhunderts. Die »Ode an das Holz« stammt aus dem 1954 veröffentlichten Zyklus »Odas Elementales«. Sie ist eines der vielen Werke, die Neruda in seinen späteren Jahren in poetischer Rückschau den von ihm geliebten Dingen widmete.

Neruda wurde in viele Sprachen übersetzt, 1971 erhielt er den Nobelpreis für Literatur. Er starb 1973 in Santiago de Chile.

Vorwort

Wenn ein Buch nach 20 Jahren immer noch begeistert gelesen, verschenkt und gekauft wird, dann hat die wichtigste Jury – die Leserschaft – das Urteil gesprochen.

So etwas geschieht am Büchermarkt ganz selten. Nur echter Nutzen und wertvolle Informationen eines Buches können das bewirken. Es wäre unbescheiden, würde ich als Autor des Buches so über mich selbst schreiben. Aber zu einem großen Teil stammt die Weisheit dieses Buches nicht von mir. Sie wurde mir vom Opa geschenkt.

Lesen Sie selbst, wie tief dieses Geschenk in mein Leben eingegriffen und es bereichert hat. Dafür kann ich nur dankbar sein. So möchte ich das Geschenk auch allen anderen Menschen zugänglich machen.

Ein weiterer Grund für die anhaltende Popularität dieses Büchleins liegt wohl darin, dass es in gewisser Weise Holzgeschichte geschrieben hat.

Im Jahr 1995 habe ich damit erstmals das Thema Mondholz breit dem Fachpublikum vorgestellt. Es folgten sehr kontroverse Debatten und auch Studien mit widersprüchlichen Aussagen. Schlussendlich wurde Opas Mondholzwissen an der renommierten ETH Zürich nachgewiesen und bestätigt.

Sie lesen hier also den Erfahrungsbericht aus einer Zeit, in der noch jeder wissenschaftliche Nachweis fehlte.

Natürlich war es nötig, das Buch nach 20 Jahren und nach neun Auflagen endlich zu überarbeiten. Das Brennholzkapitel habe ich neu hinzugefügt, den ehemaligen Teil »Mensch und Baum« gestrafft und zusammengefasst. Über einzelne Themen, wie Holz und Gesundheit, die Entwicklung zum energieautarken, dämmstofffreien Haus, über die Sprache und Wirkung der Bäume auf uns Menschen, konnte ich darüber hinaus eigene umfangreiche Bücher verfassen, die auch im Servus Verlag erhältlich sind.

Doch beginnen wir unsere Reise zu den Bäumen, zum Holz und zur Natur mit dem uralten Wissen, das heute wieder so wichtig wird.

Erwin Thoma

EINFÜHRUNG IN DIE WUNDER DES HOLZES

Hier lesen Sie,

*… wie ein **Blinder** verschiedene Holzarten zu unterscheiden lernte;*

*… warum ein hölzerner Kamin **400 Jahre** im Feuer war und doch nicht verbrannte;*

*… dass auch **90-jährige** Augen noch leuchten können und wie die unendliche **Freundschaft zwischen Mensch und Baum** begann.*

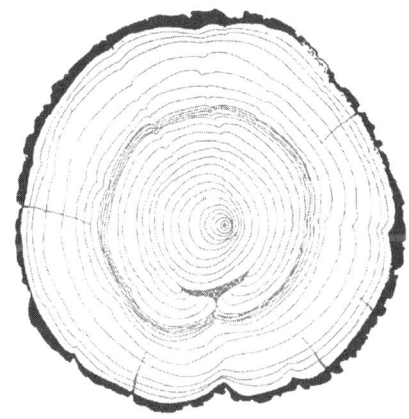

Mit allen Sinnen

Streichen Sie einmal bei geschlossenen Augen mit der Hand über die glatte Oberfläche einer Ahorntischplatte und führen Sie anschließend Ihre Fingerspitzen über das grobporige Holz einer Esche oder Eiche.

Schließen Sie Ihre Augen und klopfen Sie auf das harte Holz einer Buche. Probieren Sie dasselbe dann an der weichen Fichte. Viele Wege führen uns an die Geheimnisse der verschiedenen Hölzer heran – wir sind es aber gewohnt, uns in erster Linie auf unsere Augen zu verlassen.

Der blinde Mann wurde von seiner Frau in unser Haus geführt. Mit seinem Stock konnte er zwar Stufen, Wände und Ecken wahrnehmen, dennoch achtete auch die Frau darauf, dass ihn kein Hindernis überraschte. Nach der kurzen Begrüßung setzte er sich an unseren Tisch und seine Hände musterten sofort die abgegriffene und glatte Ahornplatte.

Einen Fußboden für ihr neues Haus suchten die beiden. Vor allem die Frage der Holzart war zu klären. Wie aber sucht ein Mensch ohne Augenlicht die Holzart aus?

Diese Frage stand unausgesprochen im Raum – auch unsere Kinder versammelten sich interessiert um den Tisch. Nur der Hund schlief auf seiner Decke unbeeindruckt den gewohnten Hundeschlaf.

Der blinde Mann hatte in seinem Leben alle anderen Sinne viel mehr geschärft, als dies einem Sehenden möglich wäre. Er hatte gelernt, so gut es nur irgendwie ging, das fehlende Augenlicht zu ersetzen. Mit Hölzern freilich hatte er seinen feinen Tastsinn, seine Ohren und seinen

Geruchssinn bis zu diesem Besuch wohl noch kaum beschäftigt.

Interessiert und beinahe ein wenig ungeduldig ließ er sich von seiner Frau und mir Holzart für Holzart erklären. Seine Finger, Handflächen und Nägel arbeiteten dabei emsig an den herbeigeschafften Mustern verschiedener Vollholzböden.

Eine seltsame Spannung lag im Raum. Wir alle spürten diese Erkundung einer neuen Welt. Sogar unsere drei Kinder saßen mucksmäuschenstill am Tisch und bewunderten die ungewohnt forschenden Bewegungen der Hände.

Erst spät in der Nacht hatte unser Besuch das Haus verlassen. Die beiden waren sich in ihrer Entscheidung sicher und hatten für Vorhaus, Wohnzimmer und Schlafraum verschiedene Hölzer ausgewählt. Die Böden wurden in unserer Werkstatt aus Fichten, Buchen und Eichen angefertigt.

Der geplante Einbau der Böden wurde durchgeführt, Gespräche und Besuche folgten, eine Freundschaft zu Karin und Andreas entstand.

Trotzdem verging nach Abschluss der Bodenlegearbeiten beinahe ein Jahr, bis die beiden an einem Abend wieder an unserer Haustüre standen. Diesmal ließ sich Andreas von seinen Händen rasch und sicher durch unser Vorhaus und die Küche führen. Mit einer Mischung aus schelmischer Vergnügtheit und Siegesmiene erklärte er mir bei jedem hölzernen Gegenstand, den er ertasten konnte, ohne Umschweife, um welche Holzart es sich handelte. Ein alter Tischlermeister hätte es nicht besser machen können. Es dauerte einige Minuten, bis ich mir einen Ruck gab und meinen vor Staunen offenen Mund schloss.

An dieser Stelle will ich dir danken, lieber Andi.

Durch dich konnte ich wieder einmal sehen, auf welch vielfältige Weise Holz alle unsere Sinne berührt und uns Tag für Tag beeinflusst und begleitet, auch wenn wir uns das nicht immer bewusst machen.

Du hast mich in meiner Haltung bestärkt, Holzoberflächen unbehandelt zu belassen und selbst strapazierte Flächen höchstens zu ölen und zu wachsen. Denn Lacke und ähnliche porenverschließende Beschichtungen sperren unsere Sinne vom wunderbaren Holz weg und verhindern eine tiefe und vielfältige Beziehung zu ihm.

Durch dich, lieber Andi, konnte ich dem Satz »werdet wie die Kinder …« in meinem Leben eine zusätzliche Bedeutung geben. Ich freue mich über jede Berührung einer Holzoberfläche und lasse dieses Gefühl, bei den Fingerspitzen und Handflächen beginnend, bewusst durch den ganzen Körper strömen. Entspannung und Kraft kann ich auf diese Weise aus den verschiedenen Hölzern und Bäumen schöpfen – als ob ich das Bild mannigfaltiger Landschaften sehen und in mich aufnehmen könnte.

An dieser Stelle lade ich alle Leserinnen und Leser ein, das Schauen und Staunen wie die Kinder ein klein wenig in ihr eigenes Leben einzubauen. Der Aufwand und die Mühe, die Sie dafür benötigen, sind gering, doch der Lohn ist reichlich.

Sorgen Sie bei so vielen Anschaffungen wie möglich für natürliche Materialien, mit denen Sie Ihr Leben gern verbringen möchten. Gehen Sie mit all diesen Gegenständen um wie ein Kind.

Beriechen, betasten und begreifen Sie diese Dinge immer wieder aufs Neue, unvoreingenommen und neugierig wie ein Kind. Kleidungsstücke, Möbel, Boden- und Wandbeläge sowie Gegenstände des täglichen Gebrauchs werden Ihnen auf diese Weise zu Quellen der Kraft, Inseln der Ruhe und zu Felsen des Haltes werden – Geschenke des Himmels und eine neue Qualität des Lebens, die wir nur erkennen und annehmen müssen.

Warum ein Holzkamin 400 Jahre im Feuer überstand

Ein hölzerner Kamin hat es mir in meiner Kindheit ganz besonders angetan. Dieses seltsame Bauwerk befand sich im rund 400-jährigen Bauernhaus einer uns befreundeten Bergbauernfamilie.

Von der offenen Feuerstelle im Erdgeschoss des aus Holzbalken errichteten Hauses führte der schwarze Kaminschacht aus Lärchenholzbrettern durch das Obergeschoss mit den Schlafkammern bis über das schindelgedeckte Dach des Hauses hinaus, das wie ein Adlerhorst oberhalb eines Felsens auf einer steilen Bergwiese in meinem Heimatort Bruck am Großglockner lag.

Ich konnte nicht ahnen, dass die Geheimnisse und das Wissen, die hinter diesem Bauwerk standen, meinen Berufsweg und mein Leben prägen würden. Nein, es war ein ganz anderer Grund, der dafür sorgte, dass dieser Holzkamin in meinem Bubenkopf einen festen Platz einnehmen konnte: Als Sechsjähriger hätte ich ohne die Wachsamkeit eines Bauernknechts beim verbotenen Spiel mit Streichhölzern beinahe einen Heustadel in Schutt und Asche gelegt. Mein Bußgang, den diese Lausbubengeschichte nach sich gezogen hatte, führte mich vom Dorfpolizisten zur Mutter, von der Mutter zum Vater, vom Vater zur Lehrerin und von der Lehrerin zum Schuldirektor.

Auf jeder dieser Stationen »erlebte« ich andere Maßnahmen, damit in diesem Bubenhirn nie mehr die Lust am gefährlichen Spiel mit Streichhölzern erwachen möge.

Der Erfolg des Bußganges hat sich eingestellt. Bis heute habe ich ihn nicht vergessen. Meinem Lausbubenstreich verdanke ich aber noch etwas: Der Information, dass der Holzkamin im Bauernhaus der befreundeten Familie deshalb nie abgebrannt ist oder nie Feuer gefangen hat, weil er aus besonderen Bäumen errichtet wurde, die zu einem besonderen Zeitpunkt geerntet worden waren, der mit dem Mond zusammenhängt, konnte ich in meiner Fantasie einen ungeheuer praktischen und faszinierenden Wert zuordnen.

Mit Begeisterung malte ich mir aus, dass ein Heustadel, der aus solchem Holz gebaut wird, ganze Scharen von mit Streichhölzern ausgerüsteten Buben unbeschadet überstehen würde. Der Gedanke an die Existenz eines Heustadels, in dem ich die verbotenen Streichholzexperimente ohne jegliche Gefahr wiederholen könnte, entschädigte mich vollständig für jene Schimpf und Schande, die meine kindliche Streichholzdummheit nach sich zog.

Jahre später war eher die Tochter im alten Bergbauernhaus das Ziel meiner Interessen und es hat noch einige Jahre gebraucht, bis ich wieder auf diesen alten Holzkamin gestoßen bin.

Auch 90-jährige Augen können noch leuchten

»Nachdem die Bäume geschlagen[1] waren, sind noch Monate bis zur weiteren Aufarbeitung vergangen. Viele unserer Baustellen waren damals ohne Zufahrtsweg – Bergbauernhöfe, Almen und Hütten im Krimmler Achental. Wir haben uns also an Ort und Stelle helfen müssen.«

Vielleicht haben Sie es sich schon gedacht: Diese Erzählung stammt von unserem Opa, der in der Zeit zwischen den beiden Weltkriegen im salzburgischen Pinzgau, im Ursprungsgebiet der Salzach, sechs Tage in der Woche, vom Morgengrauen bis zum Finsterwerden, als Zimmermann arbeitete. Lesen Sie, was unser Opa noch berichtete:

»Ja, ja, es waren schon lange Tage. Aber über das Tempo der Arbeit hat damals niemand geredet. Es wurde nie getrieben. Mit unseren Handwerkzeugen haben wir immer gleichmäßig dahingewerkt. Wie wir im Windbachtal[2] die Schutzhütte aufgestellt haben, sind wir im Lassing[3] aufgestiegen. Wir waren acht Mann und haben uns als Erstes an Ort und Stelle die Rindenhütten gebaut. Dort haben wir dann übernachtet, bis unser Bauwerk fertig war.

Nachdem für unser Quartier gesorgt war, haben wir uns aus Rundhölzern Böcke[4] gebaut. Auf diesen Böcken sind dann die Baumstämme aufgearbeitet worden, die wir schon im letzten Spätherbst hergerichtet haben.

---

[1] geerntet
[2] unbewohntes Hochtal mit Almen in den Hohen Tauern
[3] Frühjahr
[4] Holzgerüste

Einfache Rindenhütten waren die Unterkunft der Holzarbeiter im Wald.

Am Hang war der Bock so angerichtet, dass wir die schweren Stämme mit unseren Zappeln[5] draufkegeln und befestigen konnten. Dann ist mit der eingefärbten Schnur der Strich auf den Baumstamm geschlagen worden.

An einen Holzrahmen haben wir ein Sägeblatt gespannt. Und dieses Gatter haben drei Mann geführt. Ein Mann ist über dem aufgebockten Baumstamm gestanden und zwei Mann unter dem Bock. Diese drei haben dann mit dem einfachen Gatter Brett für Brett von den Stämmen heruntergeschnitten.

---

[5] Handwerkzeuge zum Ziehen und Manipulieren von Holz

Bretterschneiden mit dem Handgatter

Diese Arbeit ist wochen- und monatelang so dahingegangen. Immer gleich stad[6] ist jeder Blochhaufen gar[7] geworden.

Die Bretter für Schalungen und Böden sind dann einige Wochen zum Trocknen aufgespandelt[8] und am Schluss der Arbeit händisch gehobelt worden. Auch Nut und Feder haben wir mit der Hand draufgehobelt. Wir haben da natürlich nie geschaut, dass alle Bodenbretter gleich breit sein müssen. Die Breite ist immer vom Baum gekommen.

---

[6] regelmäßig
[7] fertig
[8] aufgestapelt

27

Die Kanthölzer haben wir meistens mit dem Zimmermannsbeil aus den runden Stämmen herausgehauen. Da war zwar mehr Abfall, wie du heute in deinem Sägewerk beim Kantholzschneiden hast. Aber nach dem Holz hat in diesen abgeschiedenen Tälern kein Mensch gefragt und wir waren mit dem Hacken schneller wie beim Sägen mit der Hand.«

Auf meine Frage, ob er sich nie verletzt hat, antwortet der Opa: »Nein, ich weiß es auch nicht warum, aber ich habe mich in meinem ganzen Leben nie verletzt. Obwohl es beim tagelangen Hacken mit dem Zimmermannsbeil immer wieder passiert ist, dass sich einer in den Fuß gehackt hat. Mit Pech, Schmalz, Arnika und einigen Kräutern haben wir das meistens wieder hingekriegt. Einigen Zimmerern ist aber schon ein schlechter oder steifer Fuß geblieben.«

»Ja, ja«, meint der Opa weiter, »so ein Holzhaus aufstellen war das Werk von einem Jahr. Bei größeren Bauten haben wir auch länger gebraucht. Jeder Balken und jedes Brett ist unzählige Male angegriffen, ausgesucht, gemustert und sortiert worden … Unsere Liebe, Freude und auch Stolz sind bei der Arbeit immer dabei gewesen.« – »Aber Opa, wer hat euch denn da verköstigt?« Die Äuglein vom Opa blinzeln lustig aus dem faltigen 90-jährigen Gesicht: »Ich war der Koch. Doch ich habe den ganzen Sommer das gleiche Muasl[9] in der gleichen Pfanne gekocht. Mir scheint, die anderen waren immer zufrieden, sonst hätten sie mich schon abgelöst.«

---

[9] einfaches, nahrhaftes Gericht der Holzknechte, aus Mehl, Schmalz und Wasser zubereitet

Genau so leuchten seine Augen, wenn er uns von seinen Bauten erzählt oder uns solche hölzerne Lebenswerke zeigt. Eines haben alle gemeinsam: Von modernen Techniken, Holzschutzmitteln, Lacken, Leimen und schädlicher Chemie hatten der Opa und seine Zimmererkollegen keine Ahnung. Dennoch stehen solche Bauten aus dieser Zeit und aus den Jahrhunderten zuvor noch immer. Sie wirken wie Zeugnisse der Beständigkeit und Wegweiser zur Natur in einer hektischen und vielfach entwurzelten Zeit.

Meine Augen leuchten auch immer in jenen Momenten, in denen sich der Opa einen Holzbau aus unseren jungen Händen ansieht, seine sehnigen Hände über Blockwände, Balken und Böden streichen und dann ein anerkennender Blick aus seinen Augen kommt.

Die Worte »Das habt ihr einwandfrei gemacht! Mir ist nicht schiach[10] um euch« nach der Besichtigung eines Holzhauses aus unserer Werkstatt, sind wohl das größte Lob, das uns jemand machen kann. Und was noch viel wichtiger ist: Diese Worte sind die Bestätigung, dass der Brückenschlag zwischen Opas Handwerkstradition und einem modernen, organischen Holzbau gelingen kann.

Auch in einer Zeit moderner Kostenrechnung und gehobener Ansprüche an Fertigungstechniken ist es möglich, ohne Belastung von Gesundheit und Umwelt durch Chemikalien, ohne ausufernde Kosten, auf natürlichem Weg Bauten für Jahrhunderte zu errichten und dabei die Geheimnisse unserer Bäume zu erkunden.

---

[10]   bang

Eine unendliche Freundschaft

Nach Beendigung meiner Forstausbildung und den ersten Jahren im praktischen Einsatz hatte ich meinen Berufsweg fest den heimischen Wäldern und Hölzern verschrieben. Der alte Holzkamin wurde jetzt für mich zum Symbol einer Freundschaft, die Jahrtausende überstanden hat, zum Symbol für eine unendliche Freundschaft. Die Freunde Mensch und Baum konnten sich in dieser langen Zeit bestens kennenlernen. Sie haben einander eine Unzahl von Geheimnissen anvertraut und gelernt, damit rücksichtsvoll umzugehen. Sie haben aber auch erfahren, dass sie gemeinsam alle Anforderungen meistern können – die Holzbaukunst vergangener Jahrhunderte legt ein lebendiges Zeugnis ab. Ein Zeugnis insofern, als uns Bauwerke erhalten sind, die unbeschadet vom jahrhundertelangen Gebrauch die Einflüsse von Wind und Wetter und sogar Feuer überstanden haben. Und das ohne giftige Holzschutzmittel oder Chemikalien.

Das alte Gerichtsgebäude in Sulz, vor 700 Jahren gebaut – aus Holz

30

Nicht nur beim Hausbau konnte sich der Mensch auf seinen Freund Baum verlassen. In beinahe allen Lebens- und Verwendungsbereichen finden wir die Spuren dieser alten Freundschaft: Holzbrücken, die die Ufer unserer Flüsse verbinden. Auf Pfeilern stehend, haben sie ohne jede wasservergiftende Imprägnierung Jahrhunderte überdauert.

Einzigartige, chemisch unbehandelte Holzmöbel, durch die Farbe und Maserung des Holzes jedes ein Einzelstück. Werkzeuge, geschmeidig, zäh und leicht. Holzfässer, die gelagertem Wein oder Cognac die Vollendung ihrer Reife geben. Welche Geheimnisse waren erst den alten Meistern bekannt, die Musikinstrumente aus Holz hervorgebracht hatten, ohne die die schönste Musik, die unsere Ohren jemals gehört haben, undenkbar wäre?

Spuren der Freundschaft und der Geheimnisse zwischen Mensch und Baum finden wir in Form von erhaltenen Bauwerken und Gegenständen aus Holz, seit es Aufzeichnungen über das menschliche Leben gibt.

Die ältesten historischen Quellen über Holzernte zu bestimmten Zeitpunkten stammen aus der Zeit um 4200 vor Christi. Das Holz für Pfahlbauten aus dieser Zeit soll vorwiegend im Winter geerntet worden sein.[11] Von da an finden sich von den chinesischen Hochkulturen über die römische Antike und Holzschiffsbauten des Mittelalters kontinuierlich Quellen bis zum Beginn unseres Jahr-

---

[11]   Klaus Dieter Clausnitzer: Historischer Holzschutz. Zur Geschichte der Holzschutzmaßnahmen von der Steinzeit bis in das 20. Jahrhundert, Ökobuch Verlag, Staufen bei Freiburg 1990

hunderts. Von Cäsar bis Napoleon, vom römischen Geschichtsschreiber Plinius bis zu französischen, deutschen und österreichischen Forstordnungen ist die bevorzugte Jahreszeit für die Holzernte der Winter. Die günstigste Mondphase ist Neumond bzw. abnehmender Mond. Für falsch geerntetes Holz waren hohe Strafen bis zur Beschlagnahme der Bäume bestimmt.

Die genaue Betrachtung historischer Quellen über die Holzernte bringt aber noch einen anderen interessanten Hinweis ans Licht: Nicht nur der Holzerntezeitpunkt, sondern auch die Beachtung der richtigen Holzart für bestimmte Verwendungszwecke (Haus-, Schiffs-, Brückenbau …) sowie des Wuchses der Bäume (Boden und Waldort) haben eine mehrere Jahrtausende alte Tradition.

Mit der zunehmenden Verbreitung chemischer Holzschutzmittel in unserem Jahrhundert verzichtete der Zauberlehrling Mensch aber auf die Tradition des natürlichen Holzschutzes. Altes Wissen wurde vergessen …

Lesen Sie im ersten Teil dieses Buches, welch seltsamen Umweg ich gehen musste, um manche Weisheit, die mir der Großvater mit einfachen Worten sagte, richtig zu verstehen. Lassen Sie sich in späteren Kapiteln in die Geheimnisse einweihen, mit denen Sie auf einfache, gesunde und unbefangene Weise mit den Bäumen unserer Wälder die Natur in Ihr Leben einbeziehen können. Einerlei, ob Sie nun Holzspielzeug suchen, Möbel oder Fußböden kaufen oder anfertigen lassen, oder ob Sie ein Holzhaus bzw. Teile Ihres Hauses aus Holz bauen möchten.

KAPITEL EINS

RUHIGES HOLZ:
VOM RICHTIGEN ZEITPUNKT

In diesem Kapitel lesen Sie,

*… wie **der Mondstand** während der Holzernte
das spätere Verhalten des verbauten
Holzes beeinflusst;*

*… woran man einen »**falschen**« **Balken** erkennt;*

*… über gar seltsames Zirbenholz und Buchen,
die nicht reißen;*

*… über Bäume, die **kein Käfer** fressen will;*

*… was es mit den **Abbrandlerhöfen** auf sich hat;*

*… über »**zusammengewachsene**« Fußbodenbretter;*

*… über **geheimnisvolle Holztröge** hoch
auf der Alm sowie über die
»**Stunde der Wahrheit**« im Holzbau.*

Der falsche Balken

Im Herbst 1988 war ich als Revierförster im Tiroler Karwendelgebirge tätig. Ein bekannter Münchner Baumeister, der gehört hatte, dass ich für Geigenbauer Bäume suchte und fand, besuchte mich. Er plante, für sich und seine Familie ein Haus zu errichten.

Grundsätze des gesunden Bauens sollten bei diesem Haus ebenso verwirklicht werden wie anspruchsvolle ästhetische Lösungen. Das hieß: Holzbalkendecken, im Vorhaus eine große Galerie aus massiven Balken, Vollholzdielenböden mit breiten Dielen, unbehandelte Lärchenholzterrassen im Freien …

Nun wusste der Baumeister, dass für solche Zwecke üblicherweise »Leimbinder«, also schichtverleimte Kanthölzer, schichtverleimte Böden und für die Terrassen druckkesselimprägnierte Hölzer verwendet werden. Er wusste aber auch, dass dies ebenso mit unbehandeltem Massivholz möglich sein müsste, wenn man nur das richtige Holz findet …

Mit diesem Wissen und diesen Wünschen war er nun zu mir gekommen.

Holz, das sehr ruhig bleibt, kannte ich von den langsam gewachsenen, 200- bis 400-jährigen »Geigenbäumen«, hoch oben in meinen Karwendeltälern. Der ausgewählte Holzerntezeitpunkt für das Holz des Baumeisters war Ende Dezember. Zu dieser Zeit würden aber in den extrem schneereichen Tälern meines Forstreviers ein bis zwei Meter Schnee liegen. »Unmöglich!«, war daher meine erste Antwort. »Zu dieser Zeit ist der Weg zum Kleinen Ahornboden wegen Lawinengefahr zu unsicher.«

Der Baumeister ließ aber nicht locker. Und nachdem wir gemeinsam die von mir vorgeschlagenen Bäume mit Bäumen aus dem Lenggrieser Längental im viel tiefer gelegenen Alpenvorland verglichen hatten, war er sich ganz sicher, dass nur die Bäume aus dem hoch gelegenen Johannistal im Karwendelgebirge für sein Haus infrage kommen.

Er glaubte an das Unmögliche und seine Gedanken kreisten ständig um die Frage, wie und wer die besonderen Bäume im hinteren Johannistal, hinter all den Lawinenhängen und Rinnen zum richtigen Zeitpunkt schlagen könnte. Seine Überzeugung und sein brennender Wunsch nach diesen Bäumen infizierten mich wie ein Bazillus. Die Aufgabe begeisterte mich mehr und mehr und ich suchte einen privaten Holzfäller für diese Aktion. Denn meine bei den Bundesforsten angestellten Arbeiter hätte ich unmöglich bei bauchtiefem Schnee auf den fünf Stunden langen Weg zu den ausgewählten Bäumen schicken können.

Wo ein Wille, da ist auch ein Weg: Ein mir bekannter Holzarbeiter aus dem Salzburger Land erklärte sich schließlich bereit, die Arbeit zu übernehmen. Im Herbst konnten die Bäume einzeln ausgesucht und der Auftrag übernommen werden.

Um vier Uhr morgens, am 30. Dezember 1988, starteten wir zu fünft unsere Holzfällertour: der Baumeister, der sich das Mitgehen nicht nehmen ließ, mit einem Bekannten, der Holzfäller, ich und mein Hund. Säge, Hacke, Keile und Werkzeug wurden gleichmäßig auf die vier Rucksäcke verteilt, die Felle auf die Tourenski montiert und der knapp fünfstündige Aufstieg in das tief verschneite Johannistal begann. Zwischen dem Kleinen Ahornboden und den Lalidererwänden standen die im Herbst ausgewählten Fichtenriesen. Und der heutige Tag wollte gut genutzt sein: Es war der richtige Zeitpunkt, der Mond stand gut.

Zwei Mann schaufelten die Bäume aus dem über einen Meter hohen Schnee aus, damit sie so weit unten wie möglich abgeschnitten werden konnten und kein kostbares Holz verschwendet würde. Ein Mann sägte und einer keilte. Dem Keilen kam besondere Bedeutung zu. Denn alle Bäume sollten möglichst mit dem Wipfel bergab liegen. Um drei Uhr nachmittags waren wir durchschwitzt, aber glücklich. Mehr als 30 kirchturmhohe Bäume waren gefällt. Am richtigen Tag, am richtigen Waldort, mit dem Wipfel bergab – genügend schöne Bäume für das geplante Haus. Als ob er die Wichtigkeit dieses Tages verstehen könnte, saß mein Hund auf einem Baumstock, überblickte die liegenden Baumriesen und wartete auf die Rückkehr ins Tal.

Nach kurzer Jause führten uns die Ski rasch zurück Richtung Forsthaus. Am Berg blieben die Baumriesen, samt Ästen und Wipfeln. Die Äste und Wipfel sollten noch wichtige Lebensfunktionen ausüben und Wasser aus den Stämmen »pumpen«. Unser Plan war, dass die Bäume im Mai ins Tal gebracht und gesägt werden und vor dem Einbau noch einen Sommer lang trocknen sollten.

Aber es kam anders. Bereits Ende März schickte der Baumeister ein Schneeräumgerät, das die winterlichen Schnee- und Lawinenreste von der Forststraße räumen musste – der Bautermin war vorverlegt worden. Das Holz sollte nach dem Wunsch des Bauherrn spätestens im Mai eingebaut sein.

Ein Frächter fuhr die Stämme mit seinem LKW ins Sägewerk. Bei der letzten Fuhre hätte der Fahrer einige große Stämme liegen lassen müssen, um nicht überladen zu sein. Das Gefühl solcher Fahrer, die das ganze Jahr Holz transportieren, für die geladene Menge ist unglaublich genau. Die wissen sehr gut, wann ihr Laster überfrachtet ist und wann gerade noch nicht …

Bei dieser letzten Fuhre entschied sich der Fahrer aber, seinen LKW lieber zu überladen, als wegen einer halben Ladung noch einmal den Weg ins Johannistal zu fahren.

Wie groß war aber seine Überraschung, dass trotz einiger Stämme zu viel die Fuhre nicht schwerer war, als er es sonst gewöhnt war. »Förster, ich habe mein Lebtag noch nie so ein leichtes Holz gefahren, wie gibt's denn das?«, war seine Frage an mich.

Mich freute diese Frage, denn ich wusste jetzt, dass wir die Äste nicht umsonst bis März an den Bäumen gelassen hatten. Ein Baum, der umgeschnitten wird, hat noch einmal das Bedürfnis, seine Art zu erhalten und Früchte und Samen zu bilden. Wenn wir ihm in dieser Situation seine Äste lassen, so ziehen diese noch unglaublich viel Wasser aus dem Stamm und machen ihn leichter. Durch die Lage bergab wird dieser Saftstrom zum Wipfel hin auch noch durch die Schwerkraft unterstützt. Diese Art der Wasserentnahme kann die Feuchtigkeit des Holzes von 100 % auf ca. 40 bis 50 % reduzieren und ist die natürlichste Trocknung, die es in diesem Feuchtigkeitsbereich gibt. Unvergleichbar milder und ruhiger als jede Trockenkammer.

Doch zurück zu unserem Bau. Ich war entsetzt über die Absicht des Baumeisters, das Holz bereits im Mai ohne Zwischenlagerung und weitere Trocknung gegen jede Erfahrung »grün« einzubauen. Aber was hilft's, wer zahlt, schafft an. Ende Juni war das ganze Holz im neuen Haus eingebaut und ich konnte bei der Firstfeier[12] die Kunst der Zimmerleute bewundern.

Sie können sich vorstellen, wie genau ich »mein« Holz betrachtete und in welches Staunen mich eine Entdeckung versetzte: Bei der Balkendecke im Wohnzimmer war ein Balken nicht aus meinen Bäumen. Ich war mir ganz sicher: viel schneller gewachsenes Holz, anders verwachsene Äste – mein »Holzauge« ließ mir keine Ruhe. Der herbeigerufene Bauherr konnte die Sache leicht aufklären. Der Zimmermann hatte einen »meiner« Balken verschnitten und nichtsahnend durch Holz aus seinem eigenen Bestand ersetzt.

Soweit war das kein Unglück. Dieser eine Balken war nur für mich als Fachmann erkennbar, sonst aber genauso schön und einwandfrei verarbeitet wie alle anderen Balken im Haus, frisch und ohne Klüfte und Risse.

Dem Zimmermann bin ich bis heute dankbar – er wurde ungewollt zu meinem Lehrmeister. Denn ein Jahr später war dieser falsche Balken der einzige, der fingerbreite Risse bekam.

Sechs Jahre später war ich wieder in dem Haus zu Besuch. Immer noch war der vertauschte Balken der einzige im ganzen Haus, der zerrissen war. Die Balken aus dem

---

12   Richtfest

Johannistalholz vom richtigen Zeitpunkt haben sich hingegen nicht verändert, obwohl sie grün eingebaut wurden.

Ich hatte wohl gewusst, dass der richtige Zeitpunkt und die Auswahl richtig gewachsener Bäume entscheidende Dinge sind. Aber dass damit derart aufwendige, große Konstruktionen wie in der Galerie dieses Hauses praktisch rissfrei hergestellt werden können oder dass der Unterschied zu »normalem« Holz mit ungünstiger Herkunft so groß ist wie am Beispiel des vertauschten Balkens, hätte ich nicht geglaubt.

Von dem Tag an wusste ich auch manche Schilderung des Großvaters anders einzuschätzen, und laufend kamen neue Erkenntnisse und Erlebnisse dazu, die ich Ihnen nicht vorenthalten möchte.

Noch etwas habe ich ab diesem Erlebnis immer deutlicher begriffen: Entscheidend ist niemals die Holzmenge, die ein Sägewerk schneidet oder die ein Zimmerer verarbeitet, niemals die Größe des Bauvorhabens. Es ist gleichgültig, ob Sie ein ganzes Haus aus Holz bauen oder sich nur ein Bücherregal für Ihre Wohnung anschaffen. Entscheidend ist einzig und allein, wie es passiert. Wie wir unsere Bäume behandeln. Wenn wir uns für den Weg mit der Natur und einfache, natürliche Methoden entscheiden, dann ist fast nichts mehr unmöglich – mit dem wunderbaren Werk- und Baustoff Holz.

Drei Dinge waren für die ruhige Balkendecke verantwortlich:

1) Die Auswahl richtig gewachsener Bäume
2) Die Holzernte zum richtigen Zeitpunkt
3) Die richtige Lagerung, Trocknung und Verarbeitung des Holzes

Das seltsame Zirbenholz

Jahre nach dem Erlebnis mit dem falschen Balken war ich mit der Leitung unseres eigenen Sägewerkes beschäftigt. Gemeinsam mit meiner Frau und unseren Mitarbeitern hatte ich den Betrieb umgestellt. Wir verarbeiten hier seit Jahren nur ausgewählte, zum richtigen Zeitpunkt geerntete Bäume zu Holzhäusern, Bauholz, Verschalungen und Vollholzböden.

Durch diesen Holzernterhythmus ist bei uns im Herbst, bevor die Holzernte im Winter beim günstigen Mond wieder losgeht, immer die ruhigste Zeit im Sägewerk. Zu dieser Zeit werden oft Wartungstätigkeiten und Lohnschnittarbeiten für Bauern aus der Umgebung durchgeführt. Lohnschnitt heißt, dass der Bauer sein Rundholz nicht ans Sägewerk verkauft, sondern dort gegen Schnittlohn aufschneiden lässt und Bretter und Pfosten aus seinem Holz wieder für seinen eigenen Bedarf mitnimmt.

So kam an einem schönen Herbstag ein Bauer zu uns und vereinbarte mit mir, dass wir für ihn in der nächsten Woche eine Partie Zirbenholz aufschneiden sollten.

Die Zirbe, auch Arve genannt, wächst in den Hohen Tauern bis in Höhen von über 2.000 Metern. Ihr Holz ist nicht zuletzt wegen des guten Duftes bekannt, der von ätherischen Ölen stammt. Diese Öle sind auch dafür verantwortlich, dass das Zirbenholz gern für Möbel, Geräte und Getreidetruhen verarbeitet wurde. Die Mehlwürmer können den Zirbenduft nicht ausstehen und so war das Getreide der Bergbauern auf natürliche Weise geschützt. Der Duft des Zirbenholzes verliert sich auch nach Jahren nicht und die Wirkung auf Mehlwürmer bleibt über Generationen erhalten.

Die Zirbe hat aber noch eine Eigenschaft, die bei der Verarbeitung beachtet sein will. Sie ist eine Kiefernart und ihr Holz soll, wie jedes Kiefernholz, in der kalten Jahreszeit verarbeitet werden. Bleiben die runden Stämme zu lange liegen, wenn im Frühjahr die Luft warm wird, so verfärbt sich das Holz, vom äußeren Rand ausgehend, fleckig blau. Diese Bläue stammt von einem Pilz, der die Holzstruktur und Festigkeit zwar nicht zerstört, aber die schöne Zirbe durch den Farbfehler entwertet.

Dass unser Bauer im Monat September mit Zirbenholz kam, war unüblich. Wenn es nicht sein muss, schneidet niemand im warmen Sommer Zirben um. Noch dazu eine so große Menge. Die Gefahr der Verblauung des Holzes ist in den schwülen Sommermonaten zu groß. Ich war also neugierig dabei, als eine Woche später die ersten Zirbenstämme durch die Gattersäge liefen.

Der wunderbare Zirbenduft verbreitete sich rasch im ganzen Sägewerk. Ich konnte mir aber keinen Reim auf das machen, was ich da sah: Die runden Zirbenstämme sahen gar nicht so aus, als ob die Bäume erst vor kurzer Zeit geerntet worden wären. Die Stirnflächen waren von der Sonne gebräunt, als ob das Holz den ganzen Sommer über gelegen wäre. Die Bretter aber und die Pfosten, die wir aus den Zirbenstämmen schnitten, waren blütenweiß und frisch. Keine Spur von einem blauen Fleck oder einem Borkenkäfer. Beides hätte mit Sicherheit vorhanden sein müssen, wenn das Holz den ganzen langen, heißen Sommer, der hinter uns lag, im Wald oder auf einem Lagerplatz verbracht hätte. So weiß konnten die Bretter doch nur sein, wenn die Bäume erst vor ganz kurzer Zeit geerntet worden wären.

Der Bauer, der wenig später mit seiner letzten Fuhre Zirbenholz zum Sägewerk kam, lüftete das Geheimnis. »Ja, ja«, meinte er, »ich bin auch froh, dass die Bretter so schön weiß sind, ohne Pilz und Borkenkäfer. Wie es heuer im Sommer so heiß war, habe ich mir ganz schöne Sorgen gemacht, dass meine Zirben einen Schaden davontragen, wenn die umgeschnittenen Stämme fast ein Jahr im Wald liegen bleiben. Aber mit der vielen Arbeit beim Heuen hat halt niemand die Zeit gehabt, das Holz vom Berg herunterzufahren.«

Ich dachte, er wollte mich zum Narren halten. Nein, nein, das sei kein Witz, antwortete der Bauer weiter, gerade ich müsste doch wissen, dass man das machen könne, wenn die Bäume zum richtigen Zeitpunkt geerntet werden. Jetzt ging mir ein Licht auf: Er hatte die Zirben schon im Dezember des letzten Jahres umgeschnitten. Bei abnehmendem Mond, am 21. Dezember.

Am selben Tag im Vorjahr hatten auch wir Bäume für unsere Fußböden geerntet. Nur hatten wir nicht ausprobiert, wie lange das Holz liegen bleiben kann. Unsere Stämme waren schon vor dem heißen Sommer zu Brettern aufgeschnitten und zur Lufttrocknung gestapelt worden.

Hinweise, dass der Mond und der Holzerntezeitpunkt auch auf die Dauerhaftigkeit und auf die natürliche Widerstandskraft des Holzes gegen Insekten und Pilze Einfluss nehmen, haben wir nicht nur von diesen Zirben erhalten. Auch Fichten und Lärchen, die keiner fressen wollte, sind uns untergekommen.

Fichten und Lärchen, die keiner fressen will

Im Dezember 1992, um die Zeit des Neumondes bzw. Thomastages (21. Dezember), brach eine Partie Forstarbeiter auf, um am Gerlospass, dem Gebirgsübergang vom obersten Salzburger Salzachtal ins tirolerische Zillertal, eine Anzahl bestimmter stattlicher Fichten und Lärchen zu fällen.

Die Holzarbeiter wussten, dass die Bäume von mir im Herbst gemeinsam mit dem zuständigen Förster ausgewählt worden waren. Sie wunderten sich darüber, dass es jetzt plötzlich immer häufiger von Bedeutung war, Bäume an bestimmten Tagen umzuschneiden, wo doch schon jahrzehntelang niemand mehr auf solche Dinge geachtet hatte. Aber der Thoma ist ja selbst Förster, der wird schon wissen, was er tut. Bezahlen muss er es ja auch …

Die Forstarbeiter waren damals wohl nicht die Einzigen, die staunten. Auch der Forstmeister quittierte mein Drängen auf die genaue Einhaltung des Holzerntetermines mit einem ungläubigen Blick. Diese Meinungen respektierte ich. Von meinem Weg ließ ich mich aber nicht abbringen. In diesen Dezembertagen war mir nur wichtig, dass die vorgegebenen Holzerntetage genau eingehalten wurden. Ich war deshalb an Ort und Stelle im verschneiten Gebirgswald. Die Ernte der etwa 200 Jahre alten Lärchen und Fichten wurde nach meinem Plan durchgeführt und so weit wäre die Begebenheit nichts Besonderes gewesen, wenn da nicht der Zufall weiter Regie geführt hätte.

Der Forstmeister war damals interessiert, die Arbeiterpartie auch noch nach »meinen« Holzerntetagen zu beschäftigen und außer meinen Bäumen noch andere Stämme am selben Waldort zu ernten. So kam es, dass die Arbeiter nach meinem Erntetermin weitere Fällungsarbeiten durchführten. Nachdem mein letzter Baum gefällt und der letzte Tag mit dem richtigen Mondstand verstrichen war, wurde das Holz streng getrennt und die später gefällten Bäume an ein anderes Sägewerk verkauft, in dem bestimmte Holzerntetage keine Rolle spielen und nicht verlangt werden.

Damit nichts durcheinandergeraten konnte, fuhren wir unsere Bäume mit einem LKW auf eine ungefähr 100 Meter vom Waldrand entfernte Almwiese und lagerten die Stämme dort.

80 Meter entfernt errichtete der Nachbarsäger auf derselben Almwiese sein Holzlager. Zwischen uns beiden Sägern bestand gutes Einvernehmen und Vertrauen. Keiner hatte Angst, dass etwas vertauscht werden könnte oder gar Holz vom eigenen Lager weggefahren würde. Kurze Zeit später hüllte der Bergwinter die beiden Rundholzstapel unter zwei Meter dicken Schneehauben ein und die Stämme ruhten unter dieser weißen Decke bis ins späte Frühjahr.

In diesem Jahr hatten wir mit dem Einschnitt der Laubhölzer, die alle an den guten Tagen im Dezember und Jänner geerntet worden waren, bis weit ins Frühjahr hinein zu tun. Obwohl ich wusste, dass das Rundholz auf der Passhöhe nicht entrindet war, machte ich mir keine Sorgen.

Es stimmt schon: Baumstämme, die samt dem Rindenmantel im Frühjahr noch im Wald liegen, sind die ideale Brut- und Vermehrungsstätte für die gefürchteten

Borkenkäfer. Doch meine Fichten und Lärchen waren ja zum richtigen Zeitpunkt geerntet worden.

Als aber schon der Mai ins Land zog, wurde ich trotzdem unruhig und schaute des Öfteren bei meinem Holz vorbei. Doch jedes Mal konnte ich beruhigt ins Tal zurückkehren. Nicht die geringste Spur von einbohrenden Borkenkäfern war zu finden. (Diese Kafer bohren sich in die Rinde bzw. ins Holz ein und ihren Befall kann man sofort an kleinen Bohrmehlhäufchen erkennen, die aus dem Einflugloch ausgeworfen werden.)

Im Mai kam dann auch der besorgte Anruf des zuständigen Försters, der dafür verantwortlich war, dass kein käferbefallenes Holz im Wald liegt und gefährliche Käfervermehrungen auslösen könnte. Ich verstand die Sorge des Försters, wusste aber auch, dass wir im Sägewerk noch einige Wochen benötigten, bis das Holz vom Gerlospass zum Einschnitt an die Reihe kam. Wenn das Rundholz aufgeschnitten und somit auch entrindet ist, wird es von Borkenkäfern nicht mehr befallen und als Brutstätte benutzt. Diese Gefahr wäre mit dem Einschnitt am Sägewerk also gebannt.

»Lieber Franz«[13], versprach ich dem Förster, »wenn du auch nur einen Käfer in meinem Holz findest, so rufe mich sofort an, ich verspreche dir hoch und heilig, dass ich dann umplane und am nächsten Tag einen LKW schicke, um das Holz sofort wegzufahren und zu verarbeiten.«

Diese Abmachung kam mir gar nicht so ungelegen. Auf das strenge Försterauge konnte ich mich verlassen

---

[13]   Name geändert

und mir selbst auf diese Weise den einen oder anderen Kontrollweg zum Holzlager auf die Passhöhe ersparen. Was danach kam, verwunderte mich aber immer mehr. Der erwartete und befürchtete Anruf des Försters blieb aus. Ich wartete, aber das Telefon klingelte nicht. Es war schon Mitte Juni. Heiße Tage und warme Nächte kündigten auch im Gebirge den Hochsommer an. Dass auch der letzte und verschlafenste Borkenkäfer schon lange munter und fleißig war, darüber bestand kein Zweifel.

An einem dieser warmen Sommertage kam ich mit einem jungen Ehepaar zu dem Holz auf die Almwiese. Für das Haus der beiden sollte ein großer Teil der Stämme verarbeitet werden. Der Bauherr kam aus dem Baufach und wusste gut Bescheid. Beim Holzlager auf der Passhöhe angelangt, drückte ich ihm eine Axt in die Hand und gemeinsam suchten wir die Rinde des gelagerten Holzes nach Käferbefall ab. Nichts – nichts und noch einmal nichts. Nun lagen aber auf derselben Wiese, ungefähr 80 Meter entfernt, auch noch einige Stämme des benachbarten Sägers. Dasselbe Holz, vom gleichen Waldort, auf der gleichen Almwiese gleich lang gelagert, im gleichen Monat geerntet – jedoch beim »falschen«, umgekehrten Mondstand: Denn meine Holzernte wurde mit dem Neumondtag beendet, beim Nachbarn fing sie aber mit dem zunehmenden Mond erst an.

Dieses Holz des Nachbarn war massiv von Borkenkäfern befallen. Alle paar Zentimeter folgte ein Bohrloch dem anderen. Alle Stämme ohne Ausnahme waren betroffen.

Der einzige für mich erkennbare Unterschied zwischen den beiden Holzlagern war der verschiedene

Mondstand bei der Holzernte im Dezember und die sorgfältige Auswahl meiner Stämme. Es war mir zwar nicht möglich, wissenschaftlich nachzuvollziehen, warum die Käfer das nur 80 Meter entfernte Holz des Nachbarn auf derselben Wiese befielen, meine Stämme aber nicht fressen wollten. Aus all den Jahren, in denen ich als Förster selbst ein Revier leitete, weiß ich aber, dass Borkenkäfer über ein ganz feines, unglaublich zielgenaues Orientierungs-, Geruchs- und Geschmackssystem verfügen. Unter Zigtausenden von Bäumen und Stämmen finden diese Insekten problemlos den schwächsten heraus, der ihrem Befall am wenigsten Harzfluss und Abwehrkraft entgegenhalten kann. Aus diesen Beobachtungen schließe ich, dass es kein Zufall sein konnte, was ich auf der Almwiese beobachtete.

Wer sein Holz um Christmett' fällt,
dem sein Haus wohl zehnfach hält.
Um Fabian und Sebastian
fängt der Saft zu fließen an.

Diese alte Bauernregel war mir natürlich bekannt. Ich wusste auch, dass wintergeschlagenes Holz anders zusammengesetzte Inhaltsstoffe aufweist als sommergeschlagenes Holz. Die natürliche Resistenz von wintergeschlagenem Holz gegen Pilze und Insekten ist aus diesem Grund höher als die Resistenz von sommergeschlagenem Holz. Dass aber auch der Mondstand zum Zeitpunkt der Holzernte eine so große Rolle für den Borkenkäferbefall und möglicherweise für die gesamte natürliche Resistenz des Holzes spielt, war mir neu.

Beim Weg nach Hause versuchte ich, mir selbst die Frage zu beantworten, was wohl wichtiger ist: Einen wissenschaftlichen Beweis für diese Beobachtung zu suchen und zu finden, oder sollte ich mich einfach über die Erkenntnis freuen, dass natürlicher Holzschutz ohne Verwendung von Gift und Chemie möglich ist und bereits im Wald bei der Auswahl der Bäume und beim Holzerntezeitpunkt anfängt.

Buchen, die nicht reißen

Die Buche ist ein von den Förstern besonders gern gesehener Baum im Wald. Ihr Laub bildet in den Buchen-Fichten-Tannen-Mischwäldern einen hervorragenden Humus, ihre Wurzeln schließen den Boden tiefer auf als z. B. die flachen Fichtenwurzeln. Die mächtigen Buchen geben dem Mischwald Halt gegen Sturm und Naturgewalten. Diese fürsorgliche Hilfe für das ganze Waldgefüge brachte der Buche den Beinamen »Mutter des Waldes« ein.

Das Buchenholz ist wie ein Schwert mit zwei Schneiden. Es ist hell, rötlich und optisch sehr ruhig, extrem hart und strapazierfähig. Buchenböden und Buchenmöbel geben Kraft und helfen ihren Benutzern, das »Leben zu ordnen«. Wenn da nicht eine Eigenschaft wäre: Massives, unbehandeltes Buchenholz bewegt sich wie kein anderes Holz. Es schüsselt, quillt und wirft sich wohl mehr als alle anderen heimischen Hölzer.

Manchmal habe ich den Eindruck, dass die mächtige, energiegeladene Buche ihrem Holz fast zu viel Kraft und Spannung mitgegeben hat. Diese Gedanken haben mich natürlich bewegt, als ich mich entschlossen habe, auch aus dem Holz unserer heimischen Buchen Vollholzböden und Möbelholz herzustellen. Es war wohl jener Reiz, der auch Bergsteiger dazu treibt, den höchsten Gipfel zu besteigen, der mich getrieben hat, das kraftvolle und harte, extrem robuste Buchenholz »in Angriff« zu nehmen.

Wir vertrauten auf unsere damals schon bei den meisten anderen heimischen Holzarten erprobte Methode: Ruhig gewachsene Buchen auf guten, humusreichen Waldböden wurden ausgewählt, die Holzernte geschah zum richtigen Zeitpunkt, Lagerung und Trocknung erfolgten auf natürliche und langsame Weise. Aber trotzdem waren es in den folgenden Jahren Buchenvollholzböden, die uns die schwierigsten Aufgaben stellten und die die meisten Gespräche und Diskussionen auslösten.

Immer wieder passiert es, dass bei meinen Vorträgen, bei denen ich Bilder eingebauter Buchenböden zeige, ein Tischler- oder ein Zimmermeister aufspringt und erklärt, er könne sich nicht vorstellen, wie massive Dielen aus unserer heimischen Rotbuche so ruhig bleiben. Gewöhnlich lade ich diese Handwerker ein, sich solche Böden anzusehen, die schon Jahre liegen. Bei diesen Besuchen haben sich schon viele Zweifler überzeugen lassen …

Zu »unseren« Buchen fällt mir immer eine Begebenheit ein, die sich bei der Buchenernte zugetragen hat: Eine der ersten Buchenpartien, die wir verarbeiteten, hatte ich in einem Herbst im nördlichen Alpenvorland Österreichs ausgesucht. Ich erinnere mich noch gut an diese Bäume. Lauter imposante Riesen, Mütter des Waldes, mit Stammstärken bis zu einem Meter Durchmesser. Der Waldboden war schon von den zahlreichen Nachkommen des Mischwaldes bedeckt, unzählige junge Buchen, Eschen und Ahornbäume warteten bereits unter den Kronen im Schatten der Alten auf Platz und Licht für ihr Wachstum. Licht, das die alten Bäume freigeben müssen – durch ihr Niederbrechen nach Jahrhunderten oder eben durch die Holzernte. Der Waldboden, die Lage und die Bäume entsprachen meinen Vorstellungen und ich kaufte diese Buchen. Der Holzerntetermin wurde genau festgelegt und niedergeschrieben.

Nach einigen Monaten war es so weit. Die Weihnachtsfeiertage waren vorbei und der Mond stand günstig. »Meine« Bäume wurden gefällt.

Der Förster war die meiste Zeit anwesend. Für ihn war das neu. Er hatte noch nie einen Kunden erlebt, der das Holz an bestimmten Tagen ernten möchte. Zwischen der Holzernte von Buchen und beispielsweise Fichten gibt es einen markanten Unterschied. Wenn die langen Stämme von Fichten auf die erwünschte Blochlänge abgeschnitten werden, hört man nur das Geräusch der Motorsägen. Anders bei den Buchen. Hier glaubt man öfter, dass ein Gewitter aufzieht. Es passiert nämlich laufend, dass verspannte Stammstücke beim Abschneiden mit lautem Knall bersten und große Risse, von der Stirnfläche ausgehend, stammeinwärts bekommen.

Bei einem frisch abgeschnittenen Polter[14] von Buchenstämmen kann man es noch krachen hören, wenn am Abend die Arbeiter den Wald schon lange verlassen haben. Vor allem aber, wenn die Sonne auf feuchtes Buchenrund-

---

[14] Lager

50

holz scheint, reißen immer wieder Stämme mit lautem Donnern, die bis jetzt ganz waren.

An den guten Holzerntetagen sehen mich meine Frau und meine Kinder wenig. Ich bin an diesen Tagen unterwegs, um zu sehen, wie es den ausgesuchten Bäumen geht, dass die richtige Zeit bei der Ernte eingehalten wird und um da und dort mitzuhelfen.

Bei der Ernte der riesigen Buchen im Alpenvorland fehlte ich natürlich auch nicht.

Unsere Buchen wurden von zwei älteren Holzfällern umgeschnitten, die beide schon viele Jahre in diesem Laubholzrevier arbeiteten und in dieser Zeit unzählige Bäume geerntet hatten. Der Ältere der beiden empfing mich kopfschüttelnd mit folgenden Worten am Holzernteplatz: »Jetzt schneide ich hier schon seit 30 Jahren Buchen um, aber so etwas habe ich noch nicht erlebt. Kein einziger Stamm ist bis jetzt gerissen, obwohl wir auch nicht anders arbeiten als sonst!« Mit der breiten Hand wischte er sich Schweiß und Buchenholzspäne von der Stirn und schaute zu seinem jungen Kollegen hinüber. Der bekundete mit seinem zustimmenden Blick dieselbe Meinung.

Der Förster, der meinem Terminwunsch gemäß der »Mondphase« bisher eher skeptisch gegenüberstand, war auch sehr erstaunt. So viele Buchenpartien hätte er schon verkauft, aber so etwas … kein einziger Riss! Kein Knall war zu hören. Am Rundholzlager herrschte abends friedliche Ruhe.

Bis diese Buchen dann geerntet, gelagert, ins Sägewerk transportiert und eingeschnitten waren, hat es doch einige wenige Risse gegeben. Aber das war ein winziger Bruchteil dessen, was bei Buchen ansonsten normal ist.

Im Sägewerk konnten wir uns freuen. Wir wussten, wenn wir dieses Holz jetzt noch richtig lagern, trocknen und verarbeiten, dann brauchen wir nichts mehr zu fürchten. Auf einfache Weise konnten wir die »angespannte« Buche beruhigen und bekamen als Lohn wunderbar ruhiges Holz, das wir an unsere Kunden weitergeben konnten.

Abbrandlerhöfe

So werden im Salzburger Land bestimmte Bauernhöfe genannt. Das Einbringen der Heuernte, vor allem des zweiten Schnittes, von unseren Bergbauern »Grummet« genannt, bedeutet für den Landwirt immer ein bestimmtes Risiko und vielfach einige Nächte mit schlechtem Schlaf.

Denn oft genug passiert es an den schwülheißen Hochsommertagen der Heuernte, dass der Bauer vor einem aufziehenden Gewitter sein Heu eilig und schwitzend auf die Tenne fährt. Wenn auch auf diese Weise die Gefahr des Nasswerdens des Heus gebannt ist, so passiert es manchmal, dass eine viel größere Gefahr für den ganzen Bauernhof droht: durch die oftmals zu frühe Einbringung von noch nicht restlos ausgetrocknetem Heu.

Ein Stock von halb trockenem Heu kann binnen weniger Stunden in seinem Inneren durch Gärungsvorgänge unglaublich hohe Temperaturen entwickeln. Die Selbstentzündung des Heustocks durch diese Hitze wird möglich. So mancher stolze, ehrwürdige Erbhof mit einigen Jahrhunderten auf seinem Buckel ist auf diesem Weg zu Schutt und Asche geworden.

Das schwere Leben und Überleben an den steilen Berghängen der Alpentäler hat die Menschen gerade in solchen Unglücksfällen immer besonders eng zusammenrücken lassen. Für die allermeisten der Salzburger Berghöfe bestehen jahrhundertealte verbriefte Rechte, sogenannte »Servitute(n)«, die den Bauern im Brandfall berechtigen, das Bauholz für den Wiederaufbau unentgeltlich aus dem Staatswald zu holen.

Mit Nachbarschaftshilfe und vereinten Kräften ist man nach derartigen Katastrophen in den Wald gezogen, hat Bäume geschlagen und rasch begonnen, das neue Gebäude, den Abbrandlerhof, aufzurichten. Eile tat not, galt es doch, einer bäuerlichen Großfamilie samt Mägden, Knechten und dem Vieh ein neues Dach über dem Kopf zu schaffen, bevor der nächste raue Bergwinter von den Gipfeln und Gletschern der Dreitausender herabzieht.

Diese Vorgangsweise, einen Bauernhof unter großem Zeitdruck überstürzt zu errichten, war in den vergangenen Jahrhunderten aber nur der katastrophenbedingte Ausnahmefall. Denn die Errichtung eines Erbhofgebäudes wurde von unseren Vorfahren im Normalfall als Werk angesehen, das Jahrhunderte über das eigene Leben hinausreicht. Nicht nur die eigenen Kinder und Enkel sollten das Gebäude bewohnen können. Die Lebensdauer dieser Häuser war für viele Generationen ausgelegt.

So eine Arbeit wollte mit Umsicht begonnen werden. Der Rohstoff Holz wurde rechtzeitig, oft Jahre vor dem geplanten Bau, im Winter aus dem Wald herbeigeschafft. Mit aller Ruhe, mit der ganzen Fülle von Erfahrungs- und Gefühlsschätzen der naturverbundenen Bergbauern sowie mit der ganzen Kunst und Tradition der Zimmerer jener Zeit wurde so ein Werk ausgeführt. Dieser Haltung unserer Vorfahren verdanken wir die vielen jahrhundertealten Bauernhöfe, die uns als Zeichen und Zeugnis unserer eigenen Wurzeln erhalten geblieben sind.

Bei den Abbrandlerhöfen, jenen Anwesen, die hastig nach einer Brandkatastrophe wieder aufgebaut werden mussten, war die langsame Vorgangsweise aber nicht möglich. Die Heuernte findet im Sommer statt. Die Brände durch die gefürchtete Selbstentzündung der frischen Heuernte passieren daher alle in der heißen Jahreszeit. Deshalb konnte bei den Abbrandlerhöfen in den allermeisten Fällen nur im Sommer geerntetes Holz verarbeitet werden. Nicht einmal die Zeit zur Lagerung und Lufttrocknung des Bauholzes war vorhanden. Dies wirkte sich auch auf die Lebensdauer des Hofes aus.

Denn bei den gut erhaltenen Bauernhöfen und Holzgebäuden, die ich kenne, ist kein einziger nach einem Brand rasch wieder aufgebauter Abbrandlerhof dabei. Soweit sich das nachvollziehen lässt, handelt es sich bei den gut erhaltenen Bauten durchwegs um solche, die auf traditionellem, langsamem Weg entstanden sind. Um Bauwerke, für die das Holz zu bestimmten Zeiten geerntet wurde. Das Mindeste war die Holzernte im Winter. Immer wieder finden sich aber auch Angaben und Überlieferungen über die Holzernte an bestimmten Wintertagen oder zu bestimmten Mondphasen.

Warum tauchen unter den gut erhaltenen Holzgebäuden keine Abbrandlerhöfe auf? Die Fichten und Lärchen, die keiner fressen wollte, und das gemeinsame Zeichen aller Abbrandlerhöfe, die Verwendung von frischem, im

Sommer geerntetem Bauholz, mögen uns eine Lehre für unsere eigenen Wohnhäuser aus Holz sein.

Die zusammengewachsenen Fußbodenbretter

Was auf den ersten Blick wie Zauberei oder wie ein Märchen aussieht, ist oft der Beginn einer langen und aufschlussreichen Naturbeobachtung.

Hier fällt mir die beinahe unglaubliche Geschichte eines pensionierten Tiroler Zimmermeisters ein. Er erzählte mir folgende Begebenheit:

»Kurz nachdem ich die Meisterprüfung abgelegt hatte, begann mein selbstständiger Berufsweg im elterlichen Betrieb. Als junger Zimmermeister war ich begeistert von den vielen technischen Neuerungen, die auf uns zukamen, und wir haben dem Wissen unseres Vaters von der Holzernte an bestimmten Tagen nur wenig Bedeutung beigemessen. Die Entwicklung des Zimmereibetriebes stand im Zeichen des rasanten technischen Fortschrittes.

Kurz nach meiner Meisterprüfung, so um die Weihnachtszeit, kam ein Bauer aus der Umgebung in unsere Zimmerei. ›Du, Zimmerer, mach mir für mein Vorhaus einen Fußboden. Ich möchte den aber bald verlegt haben. Das Holz für den Boden habe ich selbst aus meinem Wald!‹, und er wies auf sein Fuhrwerk, das beladen mit frisch geernteten Fichtenstämmen vor dem Haus stand.

55

Ich war sehr erstaunt und erklärte dem Bauern, dass das unmöglich geht. Fußbodenholz muss trocken verlegt werden. Am besten sollen Fußbodenbretter vor der Verlegung ein oder mehrere Jahre lufttrocknen.

Feuchte Bretter würden erst als verlegter Boden austrocknen und dabei durch den Trocknungsschwund riesige Klüfte bekommen. So eine Arbeit, die am Schluss schlecht ausschaut, wollte ich nicht machen. Der Bauer aber lachte und meinte: ›Das stimmt schon, aber bei den Bäumen, die ich mitgebracht habe, ist das anders. Diese Bäume sind genau im richtigen Zeichen geschlagen. Zimmerer, du kannst die Arbeit ruhig annehmen – ich bezahle dich schon!‹

Ich war jetzt neugierig geworden und nahm die Arbeit an. Die runden Stämme wurden sofort aufgesägt und ohne Lagerung oder Trocknung gehobelt. Ich erinnere mich noch, wie wir uns geplagt haben, weil das grüne, feuchte Holz kaum zu hobeln war. Es war eine Heidenarbeit, diese Bretter durch die Hobelmaschine zu bekommen. Nach dem Hobeln haben wir nicht gewartet und die Bodenbretter, wie es der Bauer wollte, noch ›fast gefroren‹ verlegt.

Jetzt sind schon mehr als 30 Jahre vergangen und ich war beinahe jedes Jahr bei diesem Bauern auf Besuch. Der Boden liegt immer noch so, wie wir ihn verlegt haben. Zwischen den Brettern haben sich keine Fugen gebildet. Nicht einmal eine Rasierklinge könnte man zwischen diese Bretter schieben. Man hat wirklich den Eindruck, dass diese Bretter zusammengewachsen sind.«

Soweit die Geschichte des Tiroler Zimmermeisters.

Mehrere Erzählungen und Berichte sind mir bekannt, wonach im Winter an bestimmten Tagen grünes, noch gefrorenes Holz aus dem Wald geholt und in diesem Zustand als Tennboden verlegt wurde. Auf diesen Tennböden wurde dann das Getreide gedroschen. Hier war es notwendig, dass die Bretter fugenfrei liegen, weil das Korn sonst durch die Ritzen weggerieselt wäre.

Wer aber jetzt, ermuntert durch diese Erzählung, versucht, sich einen »grünen« Fußboden in die Wohnung zu legen, wird trotz Beachtung des richtigen Holzerntezeitpunktes enttäuscht werden. Immer wieder haben wir versucht, dem Geheimnis solcher fugenfreier, »grün verlegter« Böden nachzugehen. Aufgefallen ist uns, dass sich der Erfolg in allen uns bekannten Fällen nur dort eingestellt hat, wo es sich um keine zentralbeheizten Räume handelte. Für Böden in beheizten Wohnungen ist das oben beschriebene Phänomen ohne zusätzliche gute Lagerung und Trocknung des Holzes nicht ausreichend. Hier muss dem Holz nach der Ernte zum richtigen Zeitpunkt und nach Ausschöpfung aller natürlicher Trocknungsmethoden die letzte Restfeuchte mit einer möglichst langsamen und milden Kammertrocknung entzogen werden (siehe drittes Kapitel: »Wo die Trockenkammer dennoch sinnvoll ist«).

Der Wasserlauf im Zeichen des Mondes

Eine zweite Erzählung des erwähnten Tiroler Zimmermeisters passt gut zu den Einflüssen des Mondes auf die Natur.

Der Zimmermeister berichtete mir:

»Im Tiroler Unterland hatte ein Bauer im Herbst seinem Sohn aufgetragen, auf die Alm zu gehen und wie es dort üblich ist, für das Vieh, das im nächsten Almsommer kommen würde, fünf kleine hölzerne Wassertröge einzugraben. Diese Tröge werden so an einer Quelle oder an einem kleinen Wasserlauf eingegraben, dass das Wasser ohne eigene Zuleitungsrinne von allein über den Rand des Troges fließt und so die Tränke füllt.
Der Sohn wollte die Arbeit auf den nächsten Tag verschieben, weil im Nachbarort gerade heute ein Tanz angesagt war. Der Alte gab aber nicht nach. ›Heute

Der richtig gesetzte …

müssen die Tröge hinein und damit Schluss!‹ Der Sohn machte sich also auf den Weg zur Alm. Nachdem der dritte Trog eingegraben war, machte er sich aber aus dem Staub und ging tanzen. Die beiden verbliebenen Tröge grub er erst einige Tage später ein. Er war sich sicher, dass der Vater im Herbst nicht mehr auf die Alm kommen würde.

Der Vater ist wirklich erst im nächsten Frühjahr nach der Schneeschmelze wieder auf die Alm gegangen. Das große Erstaunen kam aber jetzt beim Sohn, weil sein Vater ihn nach kurzer Zeit wissend fragte, warum er zwei Tröge später eingegraben hatte. ›Woher weißt du das, du bist doch den ganzen Herbst nicht mehr heraufgekommen?‹, wollte der Sohn wissen. ›Schau dir doch

... und der hinterspülte Trog

die Tröge an!‹, erklärte der Vater, ›In die drei Tröge, die am richtigen Tag gesetzt wurden, rinnt das Wasser immer noch schön hinein. In die beiden anderen aber rinnt kein Tropfen mehr. Das Wasser hat diese Tröge hinterspült und rinnt jetzt an der Tränke vorbei!‹«

Als mir der Zimmermeister von dieser Begebenheit erzählte, war mir der Hintergrund sofort klar. Hatte ich doch als Revierförster in meinem Gebirgsrevier im Karwendel ein weites Netz von geschotterten Forstwegen zu betreuen, an denen die größten Schäden immer durch schwere Gewitter in den Bergsommern entstanden. Dabei fiel mir auf, dass es ganz entscheidend ist, ob ein Gewitter bei zunehmendem oder bei abnehmendem Mond niederging. Bei zunehmendem Mond hatte ich um meine Wege immer weniger Sorge.

Ich konnte Folgendes beobachten: Gewitter bei zunehmendem Mond hinterlassen selten tiefe Furchen, meist waren nur da und dort einige Schotterablagerungen zu entfernen.

Schießt das Regenwasser eines Gewitters aber bei abnehmendem Mond über die Forstwege, so scheint es plötzlich zusätzliche, unsichtbare Kräfte freizusetzen. Das Wasser zieht tiefe Gräben in die Wege, nach einem Gewitter bei abnehmendem Mond waren stets viel mehr Instandsetzungsarbeiten erforderlich.

Diese Kräfte können Sie auch in einem anderen Zusammenhang leicht selbst ausprobieren: Zaunpfähle aus Holz sollen niemals bei zunehmendem Mond gesetzt werden. Schon beim nächsten Frost beginnen solche Pfähle zu wackeln und sie faulen schneller.

Zaunpfähle, die hingegen bei abnehmendem Mond oder Neumond gesetzt werden, scheinen in die Erde hineingezogen zu werden. Sie halten besser und sind dauerhafter. Als ideal gelten die Erdtage im abnehmenden Mond (z. B. Jungfrautage).

Diese Kraft des Mondes zur Erde hin nützen auch alte Bodenleger. Ein Holzfußboden, der bei abnehmendem Mond verlegt wird, knarrt weniger und bleibt ruhiger liegen. In einem Salzburger Zimmereibetrieb fand ich den seltenen Fall, dass vier Generationen der Zimmererfamilie miteinander arbeiten. Gerade in diesem Betrieb ist das Fußbodenlegen bei abnehmendem Mond eine Selbstverständlichkeit. »Das hat schon mein Urgroßvater so gemacht, und wir verzichten natürlich auch nicht auf diesen Vorteil!« Mit diesen Worten bestätigte der junge Zimmermeister das Fortbestehen einer alten Tradition in seinem Holzbaubetrieb.

Holz und Glas –
die Stunde der Wahrheit

Die Vormittagssonne wärmt gerade die Holzblockwand der Almhütte in den Hohen Tauern, neben der ich es mir mit Bleistift und Papier bequem gemacht habe. Sonne, Wind und Wetter haben die Färbung der handgezimmerten Holzwände besser an die umgebende Almlandschaft angepasst, als es der beste Maler jemals könnte. Die feinen Risse im Holz stören niemanden, und wenn das Holzschindeldach dieser Hütte in Ordnung gehalten wird, steht sie in einigen Jahrhunderten wohl noch genau so da wie an diesem Julimorgen.

Auch bei einer Balkendecke im Wohnhaus sind kleine Risse oder Verdrehungen der Balken eher eine Frage des Geschmacks und der Optik. Die Statik des Baus wird dadurch kaum berührt. Bei Bauten allerdings, bei denen große Glasscheiben auf Holzkonstruktionen ruhen, wird die Frage nach möglichst ruhigem, bewegungslosem Holz »lebenswichtig«. Das spröde Glas duldet keine Bewegung der Holzträger und für das Holz schlägt die Stunde der Wahrheit: Jede Bewegung – und sei sie noch so gering – würde durch die zerbrochene Scheibe schonungslos aufgedeckt.

Der Bau von Wintergärten, bei denen die Trägerkonstruktion aus unbehandeltem Massivholz besteht, ist in unserem Betrieb schon zur Routine geworden. Trotzdem ist es immer wieder eine neue Herausforderung, mit Glas und ruhigem Holz die Sonne in ein Haus zu bringen.

Wohl eine der bis dahin spannendsten und schwierigsten Aufgaben stellte uns eine junge Familie im Jahr 1992. Beim Neubau ihres Hauses war ein Wintergarten von Anfang an eingeplant. Aber nicht so, wie wir es bisher gewohnt waren. Denn der Architekt hatte die Glasfronten nach dem größten lieferbaren Maß der Scheiben geplant. Das waren fünf Meter (!) hohe, doppelte Isolierglasscheiben in einem Stück. Der Schwierigkeit dieses Vorhabens war sich der Architekt bewusst. Jede kleinste Bewegung der Holzträger würde Spannungen und den Bruch der großen Scheiben bedeuten. Deshalb wollte sich der Architekt durch die Verwendung von spannungsarmen Leimbinderholz absichern. Er lehnte den Einsatz von Massivholzträgern zunächst ab.

Die Bauherrnfamilie wusste aber über die Bedenklichkeit mancher Leime in Leimbinderholz Bescheid und wollte das im Lebenswerk ihres Hauses vermeiden. Also mussten unverleimte Massivholzträger, aus einem Stamm gesägt, her.

Wir erhielten den Auftrag für diese Konstruktion und gingen nach der bewährten Methode ans Werk. Ich suchte ruhig gewachsene Fichten auf einem guten Waldboden in ca. 1.400 Meter Seehöhe aus. Die Holzernte erfolgte zum richtigen Zeitpunkt, also im Winter zur richtigen Mondphase.[15] Auch die Lagerung und Trocknung des Holzes geschahen in unserer gewohnten Arbeitsweise. Ein knappes Jahr später war das Werk vollendet, die großen Scheiben auf unserem Holz montiert und die Familie des Bauherrn über den schönen Wintergarten glücklich.

Inzwischen ist fast ein Vierteljahrhundert vergangen, unzählige Sommer mit Hitze hinter den Glasscheiben und Gebirgswinter mit Frost und Schnee an der Außenseite des Wintergartens. Die fünf Meter hohen Glasscheiben ruhen spannungsfrei und problemlos wie am ersten Tag auf den Massivholzträgern. Jeder Fachmann weiß, dass gefährliche Bewegungen des Holzes bei so einer Konstruktion gleich im ersten Jahr, später aber kaum mehr passieren. Unsere Massivholzträger vom richtigen Zeitpunkt hatten sich also in der Stunde der Wahrheit bestens bewährt.

Bei Vorträgen in den Jahren danach fragte ich mehrfach Tischler- und Zimmermeister, ohne vorher von diesem Bau zu berichten, ob sie eine fünf Meter hohe Glasfas-

---

15   Die richtigen Holzerntezeiten finden Sie im Abschnitt »Informationen & Service«.

sade auf unverleimtem Massivholz montieren könnten. Immer bekam ich unsichere, ablehnende Antworten.

Warum haben sogar Handwerksmeister so viel von ihrem Vertrauen zum Werkstoff Holz verloren? Wir brauchen nur sorgfältig und Schritt für Schritt vorzugehen, dann gibt es im Wohnbau keinen einzigen Einsatzbereich, der die Verwendung von schädlicher Chemie und unnatürlichen Baustoffen rechtfertigt. Darüber sollte jeder Bauherr nachdenken.

Durch diesen Erfolg war der Bauherr so bestärkt, dass er in seinem Haus eine weitere Konstruktion anfertigte, die mir beim ersten Anblick die Nackenhaare aufstellte. Die oberste Geschossdecke wurde so ausgeführt, dass die durchgehenden langen Dachsparren an der Decke sichtbar blieben. Die Trennwände zwischen den einzelnen Räumen wurden zu diesen Dachsparren hochgezogen. Zwischen dem Vorhaus im Obergeschoss und einem danebenliegenden Badezimmer wollte der Bauherr aber keine durchgehende Trennwand, sondern im obersten Bereich der Wand eine lichtdurchlässige Glasscheibe. Tageslicht und künstliche Beleuchtung sollten durch diese Oberlichte vom Vorhaus ins Bad und umgekehrt dringen können.

Dass die an der Decke sichtbaren, langen Dachsparren aus unserem Holz im Vorhaus und im Badezimmer verliefen, störte den ideenreichen Bauherrn nicht. Er ging zum Glaser und ließ in der Oberlichtenglasscheibe für jeden dieser Balken eine rechteckige Öffnung, genau nach dem Maß der Holzbalken, ausschneiden. Ein Dachsparren, der sich drehen möchte, lässt sich von einer dünnen Glasscheibe jedoch auf keinen Fall aufhalten. Auch diese

Scheibe würde bei der geringsten Bewegung der Holz-sparren zerbersten. Beim Anblick dieser Konstruktion konnte ich also nur das Vertrauen des Bauherrn in mein Holz bewundern und die Glasscheibe als seltsames Mess-instrument möglicher Bewegungen meiner Dachsparren gespannt beobachten.

Nachdem die besagte Glasscheibe jetzt nach vielen Jahren immer noch »unschuldig« und unversehrt an ihrem Platz sitzt, kann das Experiment wohl als gelungen bezeichnet werden.

So wichtig ruhiges Holz in diesem Fall war, muss trotz-dem die Frage gestellt werden, ob es auch in jedem ande-ren Anwendungsfall (Möbel, Böden ...) sinnvoll ist, vom natürlichen Baustoff Holz Eigenschaften wie absolute »Bewegungslosigkeit« zu verlangen. Eine Frage, die ich mit Nein beantworte, denn Holz ist nun mal ein Naturmate-rial, das lebt und arbeitet. Gerade überzogene Ansprüche an die Bewegungslosigkeit von Holz führen oft zu großflä-chigen Verleimungen (Beispiel: Fertigparkett) und zum Einsatz von synthetisch-chemischen Hilfsmitteln, die ge-sundheitliche und ökologische Probleme mit sich bringen können.

Ein Schluss lässt sich aus der Begebenheit ziehen: Auch bei den schwierigsten Holzbauaufgaben lohnt es sich in jedem Fall, die Möglichkeiten, die uns die Natur anbietet, zu beachten, anstatt zu Hilfsmitteln aus der Erdöl- und Chlorchemie zu greifen.

KAPITEL ZWEI

REIFE BÄUME: VOM RICHTIGEN STANDORT

In diesem Kapitel lesen Sie,

*… weshalb man das reife Holz langsam gewachsener Bäume mit **feinem Seidengewebe** vergleichen kann;*

*… warum zwei **Alphörner** unterschiedlich klingen, obwohl sie aus dem gleichen Baum geschnitzt wurden.*

*Wir wandeln auf den Spuren **Stradivaris** und begegnen schließlich zwei Brüdern am Abgrund.*

Im Wald gereift

Bei einer tausendjährigen Eiche finden wir in der Mitte des Stammes, so er noch nicht hohl ist, tatsächlich Holzsubstanz, die 1.000 Jahre alt ist. Diese 1.000 Jahre sind

Jahresringe:
Nur der Kern einer tausendjährigen Eiche ist
tatsächlich 1.000 Jahre alt.

nicht spurlos vorbeigegangen. Harze, Gerbstoffe, Farbstoffe und die verschiedensten Holzinhaltsstoffe werden im Stammesinneren eingelagert, umgebaut und bewirken die Unterschiede zwischen altem, reifem Holz und jungen, unreifen Stämmen.

Stradivari hat für seine Geigen alte, langsam gewachsene Gebirgsfichten gesucht. Er wollte Holz, das im Stammesinneren diesen Reifungsprozess abgeschlossen hatte. Diesen Reifungsprozess können aber nicht nur Geigenbauer nutzen. Auch der Bauherr erhält von alten, ausgereiften Bäumen ruhigeres und gesetzteres Bauholz als von halbwüchsigen Jünglingen.

Wie entsteht das Material Holz?

Welcher Teil eines 2.000 Jahre alten Olivenbaumes hat auch schon materiell zur Zeit Jesu Christi existiert? Die Bildung eines Baumstammes beginnt mit dem Austreiben des Keimes aus dem Samenkorn. Jedes Jahr wird das junge Bäumchen mit einer neuen, dünnen Schicht von Holzzellen überzogen. Das Holzwachstum geht also an der äußeren Hülle des Baumes vor sich, direkt unter der Rinde.

Beim zweitausendjährigen Olivenbaum ist nur die innerste Schicht 2.000 Jahre alt. Die letzte, außen sichtbare Schicht wurde wie bei jedem anderen Baum im Vorjahr unter der Rinde gebildet. An einem umgeschnittenen Baum sehen wir an der Schnittfläche diese Schichten in Form der Jahresringe. Jedes Jahr bedeutet einen Ring (siehe Grafik auf der nächsten Seite).

Das Alter eines Baumes kann man an den Jahresringen abzählen.

An den Jahresringen eines Stammes lässt sich das Alter abzählen. Der Fachmann kann aus dem Abstand der Ringe zueinander und aus der Gleichmäßigkeit des Aufbaus Schlüsse über die Holzqualität ziehen. Feinjähriges Holz mit geringen Abständen zwischen den Jahresringen (z. B. beim Nadelholz ein Millimeter und darunter) ist in der Regel hochwertiger, weniger riss- und spannungsanfällig und dauerhafter. Dieser Holzaufbau kann durchaus mit Geweben und Stoffen für Bekleidung verglichen werden. Je feiner verwoben, je enger die Maschen, desto hochwertiger, geschätzter und kostbarer ist der Stoff.

Feines Gewebe aus hohen Lagen

Der richtige Zeitpunkt der Holzernte und die Auswahl der
für den jeweiligen Verwendungszweck richtigen Bäume
vom richtigen Waldort: Das sind untrennbar miteinander
verbundene Grundsätze der natürlichen Holzverarbeitung. Eine Diskussion darüber, was wohl wichtiger sei, die
Holzernte zum richtigen Zeitpunkt oder die Auswahl ruhig gewachsener Bäume vom richtigen Waldort, ist genauso sinnlos wie die Frage, ob die Henne oder das Ei zuerst
da war. Beide Maßnahmen, der ruhig gewachsene Baum
und die Holzernte zum richtigen Zeitpunkt, sind Grund-
voraussetzungen für ruhiges und dauerhaftes Holz.

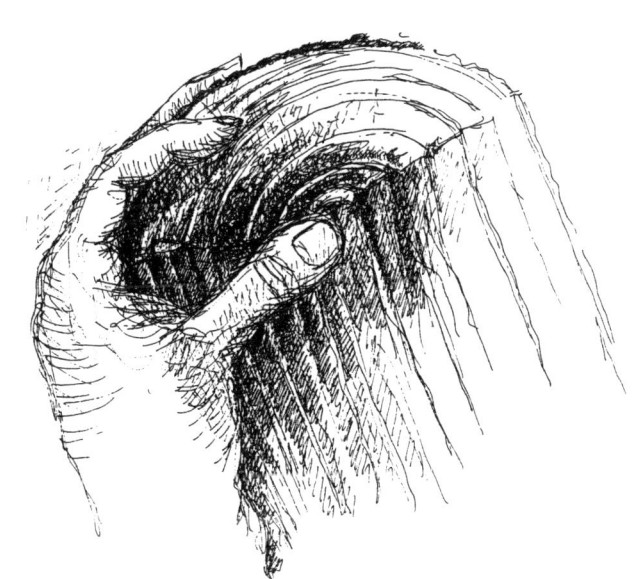

An den Abständen der Jahresringe erkennt man
den Unterschied zwischen schnell ...

Schauen Sie sich aus diesem Blickwinkel die Einflüsse des richtigen Waldortes und des damit verbundenen ruhigen Wuchses der Bäume im folgenden Kapitel genauer an.

Als erstes Beispiel soll die Fichte, die in Europa wohl wichtigste Baumart für die Herstellung von Bauholz, stehen. Schnell gewachsene Fichten mit Abständen von einem bis zu drei Zentimetern (!) zwischen den einzelnen Jahresringen sind in Tieflagen auf nährstoffreichen Böden keine Seltenheit, während im Hochgebirge dieselbe Holzart Bäume mit Jahresringabständen von nur einem Millimeter oder noch weniger hervorbringt. Diese feine Struktur bietet uns in der Holzverarbeitung und beim Haus- und Möbelbau viele Vorteile.

... und langsam gewachsenem Fichtenholz.

Holz kann man in dieser Hinsicht mit Textilien vergleichen. Je feiner und vernetzter die Struktur ist, desto elastischer, geschmeidiger, fester und auch dauerhafter ist der Stoff. Die sehr schnell gewachsene Tieflagenfichte verhält sich zur feinjährigen Hochlagenfichte so ähnlich wie ein grober Jutesack zu einem zarten Seidengewebe.

Aus diesem Grund verarbeiten wir in unserem Betrieb für Holzbauten mit hohen Anforderungen an die Ruhe des Holzes, wie etwa bei der im vorigen Abschnitt beschriebenen Glasfassade, immer nur fein gewachsenes Holz aus höheren Lagen (aus Wäldern in ca. 1.100–1.200 Metern Seehöhe und darüber).

Der natürliche Wald

Ein weiteres Phänomen, das mit dem Waldort und der Herkunft der Bäume zusammenhängt, ist der »natürliche« Wald. Für jeden Waldboden, für jedes Fleckchen Erde hat Mutter Natur durch die generationenlange Auslese und Evolution eine Baumartenmischung vorgesehen, die dort genau hinpasst und mit dem Boden ein harmonisches Gleichgewicht findet. In so einem natürlichen Wald stockt auf jedem Boden und in jeder Klimazone die jeweils am besten angepasste Waldfamilie (denken Sie an das Gleichgewichtsprinzip von Yin und Yang).

Diese von der Natur vorgesehene Waldgesellschaft oder Waldfamilie finden wir in jedem von Menschen unberührten Urwald. Obwohl die Lehre von den natürlichen Wäldern ein (wieder an Bedeutung gewinnender) Teil jedes Forststudiums ist, waren es gerade die Forstleute, die in den letzten beiden Jahrhunderten große Teile unserer mitteleuropäischen Wälder verändert haben. Aus einseitig betriebswirtschaftlichen, gewinnorientierten Motiven heraus wurden viele stabile, natürliche Mischwälder meist in Fichtenmonokulturen umgewandelt. »Die Fichte ist der Brotbaum der Forstwirtschaft«, hieß es an den Forstschulen bis in die 1970er-Jahre.

Baumgemeinschaften, die sich über Jahrtausende hinweg als die jeweils gesündesten, am besten an den jeweiligen Waldort angepassten und widerstandsfähigsten herausgebildet hatten, wurden aus purem Gewinnstreben vielerorts innerhalb von einer oder zwei Menschengenerationen vernichtet.

Nachgewachsen sind dann oft nicht mehr die herrlichen, von der Natur gebildeten Mischwaldgesellschaften, sondern dem Waldboden fremde und krankheitsanfällige Reinbestände aus Nadelhölzern, von denen man mehr Geldertrag erwartete.

Von der Natur aus gibt es in wärmeren, tieferen Lagen unter ca. 1.100–1.200 Metern Seehöhe praktisch keinen reinen Nadelwald und schon gar keinen reinen Fichtenwald. Nur im Gebirge oder im hohen Norden können Nadelwälder aus Fichte, Tanne, Lärche, Zirbe oder Kiefer durchaus dem natürlichen Optimum entsprechen. Reine Fichtenwälder sind aber auch im Gebirge eher selten jene Waldgemeinschaft, die die Natur hier gebildet hätte. Meist finden wir Mischungen der Fichte mit einzelnen Laubbäumen sowie mit Tanne, Lärche oder Zirbe.

Erst spät, nach Jahrzehnten der Monokulturen-Forstwirtschaft, hat man eingesehen, dass diese unnatürlichen

Nadelwaldreinbestände viele Nachteile haben. Der Boden wird nicht mehr vielfältig durchwurzelt, die Humusbildung ist durch die Nadelstreu einseitig und meist zu sauer, die Anfälligkeit der Bäume gegen Insekten, Pilze, Sturm und Schneebruch ist höher.

Je weiter entfernt von ihrem natürlichen Verbreitungsgebiet die Fichte gepflanzt wurde, je weiter ins warme Flachland hinaus, desto anfälliger gegen Krankheiten und Schädlinge wurde sie.

Die Forstleute haben viel dazugelernt und kein guter Förster würde heute noch ortsfremde Fichtenmonokulturen pflanzen. Im Gegenteil, man versucht, vorhandene Monokulturen wieder in Mischwälder umzuwandeln.

Jeder Häuslbauer ist, wie wir Holzverarbeiter, durch diese Entwicklung mit zwei Arten von Bauholz konfrontiert: Fichtenholz von Standorten, wo auch die Natur Fichten gepflanzt hätte (überwiegend im Bergland), und Holz aus unnatürlichen Fichtenmonokulturen.

Der interessante Unterschied zwischen diesen beiden Möglichkeiten ist, dass Fichten aus unnatürlichen Monokulturen durchwegs ungünstigere Eigenschaften hinsichtlich Ruhe und Dauerhaftigkeit des Holzes aufweisen als Fichten aus Wäldern mit natürlichen Wuchsbedingungen.

Zum Beispiel würde ich niemals Fichten aus den Reinbeständen im tief gelegenen Alpenvorland für einen Holzbau mit höchsten Anforderungen, wie Wintergärten oder Glasfassaden, verarbeiten.

Fichtenholz, das im natürlichen Mischwald oder in den inneralpinen, natürlichen Gebirgsnadelwäldern alt wird, verfügt über bessere Eigenschaften als waldortfremdes Fichtenmonokulturenholz. Denn ein Baum, der im sozialen Gefüge des ihm natürlich vertrauten Mischwaldes die volle Reife erlangt, wird immer das ruhigere Holz aufweisen als der arme Baumbruder aus dem Plantagenwald.

Unsere hier geschilderten Erkenntnisse beruhen auf der Erfahrung mit der Verarbeitung vieler tausender Bäume, vom Wald bis zum fertigen Werkstück. Das Grundprinzip bleibt stets dasselbe: Die Natur beobachten und danach handeln! Der Aufruf, den richtigen Waldort zu beachten, richtet sich nicht nur an den Waldbesitzer, sondern auch an die Fachleute der Holzverarbeitung und an jeden Käufer von Holzprodukten.

Wenn der Möbelkäufer oder Bauherr von seinem Handwerker Informationen über die Herkunft seines Holzes verlangt, wird dieser die Informationen von seinem Säger verlangen, der das Holz liefert. Wenn sich Säger und Förster mit jener Frage konfrontiert sehen, werden sie beginnen, verschiedene Bäume für verschiedene Verwendungszwecke zu sortieren. Am Ende werden diese Bemühungen durch gift- und chemiefreie Holzbauten, Möbelstücke, Spielzeug und Werkstücke aus Holz gekrönt sein. Diese Möglichkeit, Holz besser, menschlicher und gesünder zu verarbeiten und gleichzeitig die Holzartenmischung in unseren Wäldern wieder naturnäher werden zu lassen, sollten wir und die Generationen nach uns unbedingt nützen.

Das ungleiche Zwillingspaar

Immer wieder erlebe ich (Holz-)Handwerkerkollegen, die
es sich gern einfach machen möchten und sagen: »Fichte
ist Fichte, so groß sind doch die Unterschiede nicht!« Diese Unterschiede zwischen einzelnen Bäumen werden
durch die verschiedenen Waldböden und Klimaverhält-
nisse geprägt. Welch großen Einfluss auf das Verhalten des
Holzes diese Verschiedenheiten haben können, werden Sie
erahnen, wenn Sie hören, welche Unterschiede sich bereits
in der Holzstruktur ein- und desselben Baumes finden.

Ein Salzburger Alphornbauer erzählte mir: Er hatte
einen großen Holzpfosten gefunden, der alle seine Wünsche und Anforderungen für den Bau eines Alphornes
erfüllte. Solch gutes Instrumentenholz ist freilich rar und
er wollte sein Holzstück am besten dadurch ausnützen,
dass er daraus gleich zwei Alphörner fertigte, und zwar so:

Es entstanden tatsächlich gleichförmige Alphorn-Zwillin-
ge aus demselben Baum. Der Instrumentenbauer verwendete eine Vorrichtung, die ihm identische Durchmesser,
Wandstärken und Formen beider Instrumente garantierte.

Ein einziger Unterschied blieb zwischen den beiden
Hörnern bestehen: Durch die Form des Zuschnittes aus

dem Pfosten war die Blasrichtung bei einem Horn von der Wurzel zur Krone des ehemaligen Baumes und beim anderen Alphorn von der Krone zur Wurzel.

Beim Probeblasen der beiden Hörner passierte das Erstaunliche. Die Tonlage der aus demselben Stamm gebauten Alphörner war grundverschieden. Der Instrumentenbauer musste ein Horn um mehrere Zentimeter kürzen, um die gleiche Tonlage beider Hörner zu erreichen.

Obwohl aus dem gleichen Baum geschnitzt,
klingen die beiden Alphörner unterschiedlich.

Töne, die aus und mit Holz erzeugt werden, lassen uns auf ganz feine Weise die Wechselwirkungen zwischen Holzfaser und Umwelt erkennen. Die Luftsäule, die gegen die Wuchsrichtung des Alphornes schwingt, verhält sich anders als die Luftsäule, die mit der Wuchsrichtung schwingt.

Die Art und Weise, wie die Holzfaser aufgebaut ist und wie wir damit umgehen, bestimmt das Ergebnis unserer Arbeit mit Holz. Gleichgültig, ob es um die Kunst des Instrumentenbaus oder um den Bau eines Holzhauses geht. Für den Instrumentenbauer sind sogar Wuchsverschiedenheiten im selben Baum entscheidend. Beim Bau eines Holzhauses hingegen genügt es, auf ruhig gewachsene Stämme zu achten.

Auf den Spuren Stradivaris

Für Geigen, Cellos und Gitarren müssen hauchdünne Holzdeckel angefertigt werden, die ruhig bleiben, nicht reißen und auch noch frei und unverspannt schwingen und gut klingen – eine wahrhaft besondere Anforderung an das Holz.

Schon als Förster hatte ich das Glück, in meinem Bergrevier einige Geigenbauer kennenzulernen. Die gemeinsame Suche nach geeigneten »Klangbäumen« war oft ein tagelanges, scheinbar erfolgloses Unterfangen. Wenn es dann aber doch gelungen ist, einen oder mehrere Geigenbäume ausfindig zu machen, so war das immer ein Erfolgserlebnis der besonderen Art.

Diese Erlebnisse haben vielleicht auch dazu beigetragen, dass Geigenbauer nach wie vor den Weg zu unserem

Sägewerk finden, um Geigenholz zu suchen, und dann und wann mit einem guten Stück glücklich heimwärts ziehen.

Ich habe noch keinen einzigen Instrumentenbauer kennengelernt, der je darüber nachgedacht hätte, schnell gewachsenes Holz mit großen Jahresringabständen zu verarbeiten. Nur feinjährige, »ausgereifte« Hochgebirgsfichten von Standorten, wo die Natur Fichten hingepflanzt hat, kommen für die Instrumentendeckel infrage.

Die Funde einzelner, kostbarer Geigenbäume zähle ich zu den Kraftquellen, die mir später geholfen haben, nicht aufzugeben, wenn der Weg auf der Suche nach ruhigem, natürlich verarbeitetem Holz besonders steinig geworden ist.

Solche Funde habe ich auch immer als Anstoß erlebt, darüber nachzudenken, ob die mir damals von »oben« verordnete Kahlschlagwirtschaft, bei der alle Stämme sozusagen anonym und in riesigen Mengen vermarktet wurden, der richtige Weg sei, um dem kostbaren Rohstoff Holz gerecht zu werden.

Keine Frage: Es wäre unsinnig, für einen Dachstuhl Holz in »Geigenbauqualität« zu suchen. Aber wir wissen, dass wir bei Beachtung des richtigen Waldortes und des richtigen Zeitpunktes der Holzernte dauerhaftes, ruhiges und bewegungsarmes Holz für gute, gesunde und dauerhafte Holzbauten ohne jeden weiteren Aufwand erhalten.

Langsam gewachsenes Bergholz steht für Holzbauten, bei denen auf Ruhe und Dauerhaftigkeit Wert gelegt wird, in ausreichendem Maß zur Verfügung. In unseren

Wäldern wächst mehr davon nach, als wir verarbeiten.[16] Wir sollten es nur erkennen und nicht mit weniger kostbarem »Plantagenholz« vermischen, sodass am Ende eine anonyme Holzmasse herauskommt, die noch dazu oft mit chemischen Hilfsmitteln verarbeitet wird.

Allein im kleinen Österreich wächst in ca. zwei Minuten[17] das Holz für ein komplettes Holzhaus vom Keller bis zum Dachfirst! Feinjähriges Bergholz ist zur Genüge vorhanden. Es ist ein Geschenk der Natur, das wir annehmen sollten.

Zwei Brüder am Abgrund

Bei der Arbeit mit natürlichen Materialien und Lebewesen lässt sich nichts schematisieren. Es geht immer darum, zu beobachten und sich auf jedes einzelne Lebewesen einzustellen.

Die vorhergegangenen Ausführungen über unnatürliche Fichtenmonokulturen und natürlich gebildete Waldgemeinschaften dürfen nicht so verstanden werden, dass der natürliche Mischwald nur mehr aus »Geigenholz-«

---

[16] In Österreich und Deutschland werden derzeit nur ca. zwei Drittel der jährlich nachwachsenden Holzmenge verarbeitet. Der Rest bleibt in den Wäldern und wird dort »ungenutzt« wieder zu Humus.

[17] Alle drei Minuten wächst ein Vollholzhaus nach, das sind ca. 175.000 Häuser im Jahr. In den letzten 20 Jahren wurden in Österreich je nach Wirtschaftslage zwischen 5.000 und 10.000 Häuser errichtet. Demnach besteht ein ca. 23 Mal höherer Zuwachs, als man jährlich benötigen würde, um alle Häuser aus Holz zu erbauen.

und »Glasfassadenträger-Bäumen« bestehen würde. Wie in einer Menschenfamilie finden sich auch in der Waldfamilie bei jedem einzelnen Mitglied andere Neigungen und Fähigkeiten. Es geht im Wald wie im Leben darum, etwa für ein Orchester die besten Musiker herauszufinden, für ein Handwerk die Geschicktesten, für geistige Arbeiten die Gescheitesten usw.

Wie genau man bei der Auswahl der Bäume hinschauen muss, zeigt das Beispiel der beiden Bergahornbäume: Selbst das Holz nebeneinander stehender Stämme ist nicht immer von gleichem Wuchs und gleicher Qualität. Damit die folgenden Ausführungen verständlich werden und zu einem guten Ergebnis bei Ihrem Bau beitragen, habe ich einen Freund gebeten, diese beiden Bergahornstämme zu zeichnen.

Die Grafiken zeigen naturgetreue Abbildungen von Bergahornbäumen, die am selben Abgrund über einem Bachlauf stehen. Das Wachsen an dieser Geländekante bedeutet, dass die Wurzeln, die den anfangs nur einige Gramm schweren Keimling tragen, eines Tages ein Gewicht von fünf bis zehn Tonnen des ausgewachsenen Baumes in den Boden übertragen müssen. Lastet auf dem Baum dann noch eine winterliche Schneelast oder die Gewalt eines Sturmes biegt seine Krone, so erhöht sich diese Last um ein Vielfaches! Das kleine Bäumchen ist zu einem statischen Wunderwerk geworden. Kein Bauingenieur der Welt kann das Gewicht seiner Bauten so einfach und genial in den Boden übertragen, wie das durch die Wurzeln unserer Bäume geschieht.

Die Art und Weise, wie der Boden dem Baum Halt und Ruhe gibt, ist ein entscheidender Faktor für die Ruhe und die Qualität der Holzfaser.

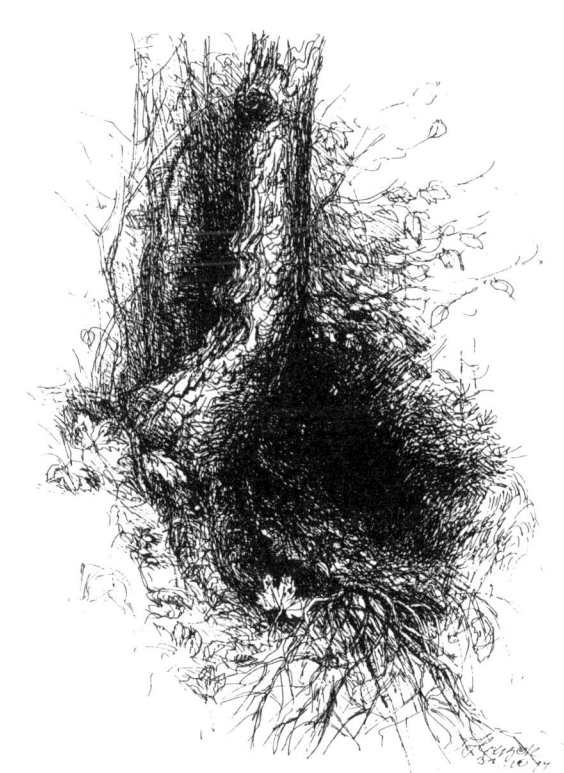

Diesem Ahorn sind die Mühen des Wachsens an der Hangkante
auf den krummen Stamm geschrieben.

Sehen wir uns nun die Geschichte der beiden Bergahornstämme an. Beide sind als Keimling auf dem schwie-
rigen Standort der Geländekante gelandet. Schwierig deshalb, weil die Hangkante unter der ständig zunehmenden
Last der wachsenden Bäume nachgibt. Die Wurzeln und
der Stammfuß müssen diese Kräfte aufnehmen und ausgleichen, sich dagegen spannen und stemmen und sind in
der Lage, durch die feine Durchwurzelung des Erdreiches

Sein Bruder hatte Glück:
Eine Fichte (rechts) half ihm, gerade zu wachsen.

das große Gewicht des ausgewachsenen Baumes in einen
rutschigen Hang zu übertragen.

Das Stützen des Baumes ist aber nicht das Einzige, was
dieses Netzwerk feiner und feinster Wurzeln zu leisten
vermag. Durch die sorgfältige Einbeziehung jeder Boden-
krume und jedes Steinchens, durch das unaufhörliche
Vordringen und Aufschließen weiterer, tieferer Boden-
schichten sowie durch den ständig fließenden Wasser-

und Nährstoffaustausch zwischen Wurzelwerk und Erdreich trägt jeder Baum seinen Teil zur Bodenbefestigung, Bodenerhaltung und Bodenbildung bei.

Auf diese Weise können sogar auf rutschigen Hängen stabile Bäume wachsen und auch auf kargen Böden vermag der Wald im Lauf von Jahrhunderten, von sich aus fruchtbare Wuchsorte zu bilden. Die Försterkunst liegt darin, diese Wunder auf jedem Waldboden zu erkennen und die Natur in ihrer Arbeit nicht zu behindern. Großartige Unterstützung durch den Menschen benötigt sie dabei nicht.

Der erste der beiden dargestellten Ahornbäume hatte diese Arbeit geschafft. Er hatte seine Aufgabe bewältigt, den Boden befestigt, vor Erdrutschungen bewahrt und ist jetzt fest verwurzelt. Aber die Folgen der Arbeit am rutschigen Abgrund sind ihm auf den Stamm und ins Holz geschrieben. Obwohl er in einem guten Ahornklima und in einer ihm natürlich zusagenden Baumartenmischung gewachsen ist, würde ich mich mit diesem Stamm, auch bei Einhaltung des richtigen Holzerntezeitpunktes und bei richtiger Trocknung (siehe das nachfolgende Kapitel »Wasser im Holz«), an keine schwierige Aufgabe heranwagen, etwa besonders lange und breite Bodendielen daraus anzufertigen.

Der zweite der beiden dargestellten Stämme hatte bei seiner Verbindung zu Mutter Erde größeres Glück. Eine Fichte ist unter ihm gewachsen und hat all die Kräfte der Hangkante übernommen. Der Ahorn dahinter konnte ruhig, ausgeglichen und spannungsfrei die Verbindung mit dem Erdreich eingehen. Dementsprechend pflanzt sich die Ruhe und Harmonie über seinen Stamm bis in die Krone fort.

Aus solchen ruhig gewachsenen Bäumen fertigen wir etwa unsere Vollholzböden mit Dielen bis zu 30 Zentimeter Breite und Längen bis fünf Meter, hergestellt aus einem einzigen, unverleimten Stück Holz!

KAPITEL DREI

WASSER IM HOLZ

In diesem Kapitel lesen Sie,

*… wie Holz am besten **trocknen** soll;*

*… wie entscheidend die Holzfeuchtigkeit bei **Blasinstrumenten** ist;*

*… warum frisch geschlagene Bäume besser mit dem **Wipfel bergab** liegen;*

*… was Holz mit einem **Badeschwamm** gemeinsam hat.*

Holzfeuchtigkeit
in großen Orchestersälen

Wie wichtig Holzfeuchtigkeit und die richtige Trocknung und Lagerung von Holz sind, zeigt die folgende Geschichte:

Ein Oboenbläser, der in Claudio Abbados Jugendorchester groß geworden und an mehreren europäischen Konzert- und Opernhäusern tätig ist, hat mir von seinen Beobachtungen erzählt.

Oboen werden, wie auch Klarinetten, aus schwarzem Ebenholz gefertigt. Früher lagerten alte Instrumentenbaumeister das Ebenholz für wirklich gute Instrumente 20 bis 30 (!) Jahre, bevor es verarbeitet wurde. Nun gab es aber in den letzten Jahren in Europa eine sehr rege Nachfrage nach diesen Instrumenten, sodass derzeit kaum mehr eine Oboe aus 30 Jahre gelagertem Holz erhältlich ist. Das ist aus der Sicht des Künstlers dramatisch, denn es passiert immer häufiger, dass an sich gute Instrumente, die aus zu jungem Holz gefertigt sind, Risse und Sprünge bekommen.

Stellen Sie sich vor, wie viel Speichel und feuchter Atemluft so ein Instrument bei einem mehrstündigen Konzert ausgesetzt wird. Hinterher muss das sensible Holzrohr dann oft bei trockenster Zentralheizungsluft rasch wieder austrocknen. Spannungen im Holz sind hier vorprogrammiert. Nicht selten werden auf diese Weise kostbare Holzblasinstrumente durch auftretende Trocknungsrisse zerstört.

Vor diesem Hintergrund wird versucht, die lange Lagerung des Ebenholzes durch technische Verfahren zu ersetzen, bei denen das Holz mit heißem Öl und Druck behandelt wird. Dazu der Musiker: »Diese Instrumente sind schön anzusehen – sie bekommen keine Risse –, nur der Klang ist weg. Obwohl sehr sauber gemacht, sind sie bestenfalls für Anfänger und Schulungszwecke zu gebrauchen, nicht aber für den Orchestereinsatz. Dieses Holz klingt einfach nicht mehr!«

Leider kann ich keine Oboe blasen und daher nicht nachprüfen, was mir der Musiker erzählte. Nachdenklich stimmte mich der Bericht trotzdem. Da fallen mir die jahrelang gelagerten Holzstapel in unserem Sägewerk ein und die Betriebswirte, die mir immer vorrechnen, das sei totes Kapital.[18] Aber: Die langsame, jahrelange Lufttrocknung des Schnittholzes kann auch im Zeitalter modernster Trockenkammern nicht ersetzt werden.

Wie viel Feuchtigkeit ist richtig?

Die Reifung des Baumes im Wald wird durch dessen Ernte beendet. Jetzt kommt die Frage nach dem noch vorhandenen Wasser im Holz.

Vom Wasser hängt nicht nur das Wachstum der Bäume ab. Von der Feuchtigkeit hängt es auch ab, ob Pilze und Insekten im Holz leben und unseren hölzernen Bauten und Kunstwerken dadurch Schaden zufügen können. Unter einem bestimmten Feuchtigkeitswert sind unsere Höl-

---

[18] Eine Liste mit empfohlenen Holzlagerzeiten finden Sie im Abschnitt »Informationen & Service«.

zer gegen Pilze (unter 20 %) und Insekten (unter 8–12 %) geschützt. Diese natürliche Resistenz ist die Grundlage eines Holzschutzes ohne synthetische Chemie, die Grundlage der Dauerhaftigkeit unserer uralten Holzgebäude, denen Pilze und Insekten durch Jahrhunderte hindurch nichts anhaben konnten. Natürlicher Holzschutz bedeutet also nicht nur, Holz zum richtigen Zeitpunkt zu ernten, sondern auch so zu verarbeiten, dass es durch seine Trockenheit vor Insekten und Pilzen geschützt ist.

In jedem lebenden Baum ist sehr viel Wasser gespeichert (ca. 100 % Holzfeuchte). In jedem verarbeiteten Holzstück, gleichgültig, ob Möbel oder Bauholz, Spielzeug oder Dachstuhl, ist nur mehr ein Bruchteil dieses Wassers vorhanden (ca. 6–20 % Holzfeuchte).

Beim Austrocknen wird jedes Holzstück geringfügig kleiner – es schwindet. Soweit das Schulwissen.

Lesen Sie in den folgenden Abschnitten, dass es darüber hinaus auf einige Details ankommt, damit Sie das Ziel, dauerhaftes und ruhiges Holz zu bekommen, erreichen. Die Art und Weise, wie das Wasser den Stamm verlässt, wird Ihre Freude mit dem Holz entscheidend beeinflussen.

Wipfel bergab – eine List der Natur

Die alten Holzbauern sagen: »Wenn du gutes Bauholz haben willst, dann schlage die Bäume mit dem Wipfel bergab und lasse sie samt den Ästen einige Wochen liegen, bevor du das Holz aus dem Wald holst!«

Was geschieht hier?

Wenn ein Baum umgeschnitten wird, reagiert er mit einem arterhaltenden Reflex. Er versucht noch einmal, zu blühen, Samen auszubilden und sich fortzupflanzen. Damit das möglich wird, braucht er Wasser. Er »saugt« mit seinen Ästen noch einmal richtig an und versucht, neue Blätter, Nadeln und eben Samen zu bilden. Der Baum zieht auf diese Weise Wasser durch seine natürlichen Leitungen und Kanäle aus dem Stamm in die Krone. Dadurch wird das Holz ruhiger und die Holzfaser bleibt unversehrt. Durch die Hanglage der Bäume mit dem Wipfel bergab wird der Saftstrom vom Stamm in die Baumkrone noch durch die Schwerkraft verstärkt.

Beim Lagern des Stammes »Wipfel bergab« (rechts im Bild)
verliert das Holz seine Feuchtigkeit schneller.

91

Wir wollten dieses Wissen der alten Holzbauern durch ein Experiment überprüfen: Im Frühjahr, beim Austreiben der Blätter, als der Saftstrom voll im Gang war, schnitt ich eine Buche um. Vom Stamm schnitt ich zwei Stücke ab und lagerte sie am Hang schräg bergab. Allerdings so, dass ein Stück mit dem Wipfel bergab, das andere mit der Wurzel bergab lagerte.

Was nun passierte, bestätigte unsere Vermutung: Nach kurzer Zeit begann der Saft aus beiden Stammstücken zu tropfen. Aber der Stamm mit der Lage Wipfel bergab tropfte etwa dreimal so schnell wie der Stamm mit der Wurzel bergab.

Eigentlich kein Wunder, denn auch der natürliche Weg des Wassers im Baum geht von der Wurzel zur Krone.

»Schwammholz«

Wasser im Lebewesen Baum ist mehr als der Inhalt eines Tanks, der geleert oder aufgefüllt werden kann.

Schnell getrocknetes Oboenholz hat technisch messbar den gleichen Wassergehalt wie 30 Jahre abgelagertes Holz. Dennoch reißen die Oboen aus dem »jungen« Holz, während das abgelagerte Holz ruhig bleibt.

Die Wasseraufnahme und -abgabe aus dem porigen Material Holz kann mit der Saugfähigkeit eines Schwammes verglichen werden. Der springende Punkt ist, dass lang gelagertes Holz bei Feuchtigkeitsschwankungen ruhiger bleibt als junges, rasch getrocknetes Holz. Solch junges und viel stärker reagierendes Holz bezeichnen wir als »Schwammholz«.

Dieses Prinzip gilt immer, nur sind bei Bauholz, Möbelholz und Werkholz die Lagerzeiten kürzer als bei Instrumentenholz. Je nach Holzart und Verwendungszweck genügen hier ein bis drei Jahre Lufttrocknung.[19]

Als Faustregel kann man sich merken: Je schneller Holz getrocknet wird, desto unruhiger ist es im verarbeiteten Zustand, desto größer ist der »Schwammeffekt« des Holzes. Das heißt: Bei Aufnahme von Feuchtigkeit aus schwüler Sommerluft bewegt sich technisch sehr schnell getrocknetes Holz mehr als langsam getrocknetes und jahrelang abgelagertes Holz.

Ein Bretterstapel, der vor Regen geschützt einige Jahre im Freien lagert, hat schwüle, heiße Sommertage genauso hinter sich wie eisig durchfrorene Winternächte. Er kennt Hitze, Frost, Reif, starken Regen und vieles mehr. Aus diesen Brettern ist nicht nur das Wasser herausgetrocknet, sie haben auch Anpassungen an die verschiedenen Witterungsverhältnisse hinter sich. Anpassungen, die in der langen Zeit auf das Holz entspannend wirken.

In den Jahren der Lagerung passiert neben der Trocknung noch etwas ganz Wichtiges: Oxidationen und verschiedene andere Vorgänge bewirken den Abbau und Veränderungen von Holzinhaltsstoffen. Nährstoffe für holzschädliche Insekten und Pilze werden abgebaut. Eine rasche, technische Trocknung in Trockenkammern, die in einigen Tagen oder Wochen abläuft, verzichtet auf den Vorteil dieses natürlichen Holzschutzes.

---

[19]   Eine Tabelle mit sinnvollen Lufttrocknungszeiten finden Sie im Abschnitt »Informationen & Service«.

Vollkommene Verständnislosigkeit drückten die Gesichter einiger Betriebswirtschafter aus, die einmal unser Sägewerk besuchten. Sie standen vor vierjährig gelagerten Eichenbrettern, die der Weiterverarbeitung zu Vollholzböden entgegenreiften. Vier Jahre lang gebundenes Kapital, wo doch jedermann weiß, dass man in »modernen« Sägebetrieben die Trocknung mit Trockenkammern in einigen Tagen und Wochen erledigen kann. Wie kann man Holz und Kapital so lange liegen lassen?!

Dieser betriebswirtschaftliche Standpunkt mag rechnerisch richtig sein. Mit natürlicher Holzverarbeitung hat er aber nichts zu tun.

Eine rein technische Holztrocknung, die alle milderen Trocknungsformen der Natur ersetzt, produziert unruhiges Holz. Unruhiges Holz aber wird oft mit bedenklichen Leimen »gebändigt«. Damit beginnt eine Einbahn, an deren Ende in Sondermüll verwandeltes Holz steht.

Wo die Trockenkammer dennoch sinnvoll ist

Nach jahrelanger luftiger und trockener Lagerung des Holzes im Freien pendelt sich im mitteleuropäischen Klima der Wassergehalt bei 15–20 % ein. Auch nach 100 Jahren Lagerung im Freien wird das Holz dann nicht mehr trockener. Holz in zentralbeheizten Wohnungen pendelt sich durch die trockenere Luft aber bei 6–10 % Feuchtigkeit ein. Würde jetzt luftgetrocknetes Holz in zentralbeheizten Räumen zum Beispiel als Fußboden eingebaut, so übernimmt die Zentralheizung die Nachtrocknung des Holzes und Ihr Boden bekäme Fugen, weil das Holz noch einmal schwindet.

Es ist also hilfreich und sinnvoll, Holz, das in zentralbeheizte Wohnungen eingebaut wird, in einer Trockenkammer nachzutrocknen, um ihm die restliche Feuchtigkeit, das letzte »Zitzerl« Wasser zu entziehen. Vor diesem Trockenkammereinsatz soll aber immer die natürliche Trocknung zu Ende geführt worden sein.

Übrigens: Handwerker und Betriebe, die in diesem Sinne arbeiten, finden Sie auf der Homepage des Autors: www.thoma.at

KAPITEL VIER

BRENNHOLZ RICHTEN

In diesem Kapitel lesen Sie,

*… wie das Feuer die im Holz gespeicherte **Energie der Sonne** in wohlige Wärme verwandelt;*

*… auf welche Weise Brennholz richtig **gewonnen, getrocknet und gelagert** wird;*

*… wie Sie Brennholz praktisch, sicher und sogar ästhetisch **schlichten** können;*

*… wie sich der **Heizwert** und die notwendige **Menge** Ihres Brennholzes zuverlässig ermitteln lassen.*

Feuerholz, die gespeicherte Energie der Sonne

Sobald im Herbst die Schatten immer länger werden, sobald Tag für Tag einige Minuten an Sonnendauer verloren gehen, wird es uns bewusst: Jetzt kommen die Nebel, die Nässe und mit den schneidigen Ost- und Nordwinden der Schnee.

Wer jetzt nicht für eine warme Stube vorgesorgt hat, früher hieß das, wer jetzt nicht ausreichend trockenes Brennholz gestapelt hatte, der war arm dran. Ja, die Freude, diese innere Sicherheit, die uns ein ausreichend großer Brennholzvorrat vor einem langen Winter verschafft, jenes Glücksgefühl ist wohl so alt wie die Menschheit.

Die prasselnden Lagerfeuer, knisternde Höhlenfeuer, heiße Steine und wärmende Glut, die zum gemauerten Ofen geführt haben, all diese Feuer der Welt haben sich tief in unsere Seele eingebrannt. Es gibt wohl keinen Menschen, der auch in der modernsten Wohnung nicht fasziniert innehält, wenn in einem Kamin, hinter einer Glastüre oder in der offenen Feuerstelle die ersten Flammen zaghaft beginnen, sich an den dünnen Anzündespänen emporzuarbeiten. Was so sanft und fein anfängt, mit dunkelorangen Flammen, das wird bald mit hitziger Wucht immer heller, lodernder mühelos die großen Scheiter entzünden, ihre Rinde fressen und krachend ins Innere des Brennholzes eindringen. Dieses Schauspiel, das weiß unser ererbtes Gedächtnis ganz genau, verkündet uns Geborgenheit und Wärme am ganzen Körper, Licht und Freude in der Seele, gerade in der finstersten Zeit des Jahres.

Der Holzfeuerschein, der zuerst mit noch nicht so heißer Flamme dunkelrot beginnt und rasch mit steigen-

der Verbrennungstemperatur immer heller wird, ist jedes Mal ein Abbild des Lichtspieles der Sonne am frühen Morgen. Auch die ersten milden Strahlen sind stets noch orange, dunkelrot, um bald gleißend weiß vom Himmel zu wärmen. Wie wohltuend ist es doch, sich jederzeit mit einem Korb oder einem Arm voll trockener Brennholzstücke so einen Sonnenaufgang ins Haus zu holen.

Die Ähnlichkeit mit der Sonne ist natürlich kein Zufall. Die Wärme, die das Feuer aus den Holzscheitern heraus zaubert, stellt ja nichts anderes dar als reine Sonnenenergie, die der Baum bei seinem Wachstum in das Holz eingelagert hat. Ein Holzfeuer zu entzünden bedeutet, den Prozess der natürlichen Rückkehr des Holzes zu Humus und Asche in den Ofen zu verlegen. Ein Holzfeuer gibt stets die eingelagerte Wärme der Sonne zurück.

Brennholz gewinnen

Brennholz richten hat aber noch eine andere, ganz tief unser Leben berührende Bedeutung.

Mein Vater ist sehr früh, viel zu früh gestorben. Damals mussten wir vier Schulbuben mit der Mutter den Weg hinter dem hölzernen Sarg von der Kirche zum Friedhof gehen und unseren Papa beerdigen.

In den Tagen und Wochen danach stellten sich trotz allem Schmerz, trotz aller durchweinten Abende Fragen, die zu beantworten waren. Diese Fragen nahmen auf unsere Seelen und unseren Kummer keine Rücksicht. Sie brachen in unser Leben ein und waren da: Wer zahlt die Schulen für die Buben – das Internat für den einen, die Hochschule für den zweiten und auch den geringeren Aufwand für den jüngsten Volksschüler? Und wer sorgt jetzt für die warme Stube im Winter? Der vorhandene Brennholzvorrat reicht wohl für ein Jahr. Holz muss aber trocknen. Wenn jetzt nicht ans nächste und übernächste Jahr gedacht wird, dann wird es eng.

Unsere Mutter leerte ihre Haushaltskasse und einige Wochen nach Vaters Tod ging ich zum Dorfschmied. Dieser hatte den Änderungen der Zeit folgend einen Landmaschinenhandel begonnen. Beim »Gruber Schuasch«, unserem Schmied, kaufte ich meine erste Motorsäge der Marke Jonsered.

Damit und mit Axt und Keil ging es nun in jeder freien Minute in den Wald. Im Bergwald, im sogenannten Hundsbachgraben, sollte ich erleben, dass es möglich ist, sich höchstpersönlich, völlig unbürokratisch die Wärme für den ganzen Winter selbst zu holen. Ja, es braucht Zeit, und wenn man nicht geübt ist, anfangs gar nicht wenig Schweiß. Es gibt zerkratzte Arme und Blasen auf den Händen, aber Abend für Abend kommt ganz unerwartet ein Lohn, der mehr wert ist, als es je eine Geldauszahlung sein könnte. Abend für Abend stehst du vor deinem Tagwerk.

Je nachdem siehst du gefällte Birken und Erlen, entastete Fichten und Lärchen, die aus allen Schnitten das heilende Harz tropfen lassen. Oder du siehst die Stämme, die gestern noch weit oben am Hang gefallen sind, heute an dem kleinen Weg unten. Den ganzen Tag hast du sie zu einer Rutschbahn zusammengezogen und eingedreht. Schließlich polterten sie dieser Holzriese entlang nach unten, schossen über die Böschung und bohrten sich knirschend mit der Stirnfläche in den Sand des Weges. Ja, morgen werde ich euch in Meterstücke schneiden. Das geht rasch mit der unheimlichen Kraft der Kettensäge, dann kann der mühsamste Teil der Arbeit, das Spalten mit dem Keil, beginnen. Zunächst gilt es aber, die Kette, so scharf wie es nur geht, zu feilen. Mit einer stumpfen Kette würde alle Motorkraft der Säge umsonst sein.

Sobald dann die meterlangen Rundlinge am Weg liegen, beginnt die schwerste Arbeit. Rundes Holz ist durch seinen Rindenmantel perfekt gegen das Austrocknen geschützt. Beim Brennholz wollen wir aber trockenes Holz. So rasch wie möglich soll es trocknen, sonst würden Pilze das feuchte Holz besiedeln und seine Struktur, seine Masse und damit die Brennkraft zerstören. Die Rundlinge müssen also gespalten werden, mit der extra schweren Spaltaxt und dem Keil.

Was für ein Forschungsprojekt natürlicher Wuchsformen ist doch dieses Holzspalten! Solange die Axt genau zur Mittelröhre des Holzes zielt, geht alles gut. Aber wehe, ein Hieb oder der Keil verfehlt dieses Ziel. Jämmerlich beißt sich das Eisen fest. Du hast es nie denken können, was es bedeutet, wenn sich dein Werkzeug dort oben unlösbar im knorrigen Stamm verfangen hat. Wie soll es nun weitergehen? Unglaublich, das Holz selbst hält plötzlich dein Werkzeug gefangen. Ersatz zu besorgen ist schwierig. Der Fußweg hier hinauf beträgt eine Stunde. Hätte ich doch bloß eine zweite Axt und Reservekeile mit!

Beim Holzspalten mit der Hand lernt man sehr schnell, dass es sich lohnt, bedächtig vorzugehen. Ganz genau will die Faser, der Wuchs eines jeden Stückes betrachtet werden. Wer die Stelle entdeckt, an der sich ein Stück mit ein, zwei oder drei Schlägen spaltet, der kann vorher ruhig länger schauen. Am Ende ist er immer der Schnellste und ausgeruht obendrein.

Holzspalten ist auch der intensivste Lehrgang zum Studium des inneren Aufbaues von Bäumen. Wer an jedem Scheit, an jedem Brocken Holz, an Hunderten und Tausenden die Stirnfläche mit den Jahresringen studiert, der erkennt bald, dass hier die Bäume ihre Lebensgeschichte aufzeichnen. Jahresring für Jahresring zeigen sie uns nichts als den Ablauf ihres Daseins. Lebensfreude und Lebenskampf schreiben sie in ihr Holz hinein. Das Kümmern und Bangen im Schatten, unerwartete Fülle, weil ein alter Baum gewichen ist, Dürre und Not, Gedeihen und Vollenden – alles wird Ring für Ring gezeigt. Die fetten, weiten Ringe, die unregelmäßigen, von Wind oder Schnee verdrückten, die ganz engen, weil es an Nahrung, Licht oder Wasser fehlte. Ja, diese Geschichte eines jeden Baumes ist eine einzigartige. Der Mensch dort im Wald mit

Spaltkeil und der schweren, langstieligen Spaltaxt in den Händen, der muss diese Bücher lesen, wenn er seinen Keil am richtigen Ort ins Holz treiben will.

Und am Abend eines solchen Tages hast du nicht nur gespürt, wie schwer die Axt am Schluss geworden ist. Du hast nicht nur den Schmerz in den Armen gespürt, weil du manchmal nicht genau getroffen hattest und die Axt zurückprellte. Nein, am Abend siehst du nur, wie der Stapel aus meterlangen Scheitern wieder ein ganzes Stück gewachsen ist. Im späten Licht glänzen weiße Birkenrindenstücke oder tiefrote Lärchenscheiter aus deinem Wintervorrat. Erlenholz, das unmittelbar nach dem Spalten ganz hell, beinahe weiß erschienen ist, das färbt sich binnen weniger Stunden so tief orange, so intensiv, wie man es sonst wohl kaum wo sehen kann. Es duftet nach süßer Birke und harzigem Nadelholz, nach Erde, deinem Schweiß und dem Öl der Säge.

Die tief stehende Sonne mahnt zum Weg ins Tal. Da stehst du noch vor dem Zauber aller Hölzer und siehst, begreifst dein Tagwerk. Die vielen neuen Scheiter werden an allen Wintertagen die Wärme, die Sonnenglut in die Stube tragen. Es ist ein tiefes Glück, sich höchstpersönlich die Wärme für den nächsten Winter aus dem Wald ins Haus tragen zu können. Bevor es so weit ist, muss freilich noch der ganze Berg von Holzscheitern mit dem großen Schlitten ins Tal gefahren werden. Eine andere Möglichkeit stand damals nicht zur Verfügung.

Im nächsten Winter, sobald der schmale Weg zur Schneebahn wird, werde ich oft ins Zuggeschirr eingespannt den schweren Schlitten hier hinauf ziehen. Wie oft wohl, bis ich die 30 Raummeter Scheiter nachhause gebracht habe? Beim Heimgehen an der steilsten Stelle denke ich daran, dass ich hier in einigen Monaten mit einer halben, dreiviertel Tonne harter, kantiger Holzscheiter im Rücken hoffentlich den schweren Schlitten immer in der Bahn halten kann. Mit den Füßen allein ist es unmöglich, so ein Gefährt zu lenken oder gar zu bremsen. Also gibt es eiserne Klauen an den Kufen, sogenannte Tatzen, die durch das Anheben eines langen Holzstieles in die Fahrbahn aus Schnee oder Eis gepresst werden. Die beiden Tatzenstiele von den beiden Kufen in der Hand, mit Geschirr und Kette an den Schlitten festgebunden, damit man auf der Geraden das Gefährt im Schwung bis zum nächsten Gefälle ziehen kann, so sitzt der Mensch weich und zerbrechlich vorne am knarrenden, ächzenden Schlitten.

Die Schwerkraft wird im Winter den ganzen Schatz zum Haus ins Tal bringen. Der Schutzengel möge dafür sorgen, dass keine Tatze bricht und der Schlitten immer in der gewünschten Bahn bleibt.

Als 16-Jähriger bin ich unvermittelt in diese Welt der Holzarbeit im Bergwald gekommen. Ich durfte ihre Schönheit erleben. So oft es ging, waren auch die Mutter und der kleine Bruder mit dabei. Und der angesprochene Schutzengel schlüpfte meistens in die Gestalt mancher hilfsbereiter Nachbarn, allen voran der Lackner Robert, der mir zeigte, worauf ich besonders aufpassen muss. Außer unbedeutender Schrammen ist auch tatsächlich nie etwas passiert. Auch wenn wir am Ende bei der gefährlichsten Arbeit, den Talabfahrten mit dem Holzschlitten, in jugendlichem Übermut zu wenig bremsten und in halsbrecherischem Tempo unterwegs waren. Hier spreche ich deshalb in der Mehrzahl, weil mein kleiner Bruder Richard häufig beim Hinaufziehen des Schlittens geholfen hat und sich dafür bei der Abfahrt jauchzend hinten an der Fuhre festhielt.

Diesen frühen persönlichen Erfahrungen folgte meine Zeit als Förster zuerst im Salzburger Pongau und später als Revierförster im Tiroler Karwendelgebirge. Dabei sollte ich so manchen »alten Fuchs« kennenlernen: Bergbauern und Forstarbeiter, Pensionisten, die in der Waldarbeit eine neue Erfüllung gefunden haben, und manchmal auch solche wie mich als 16-Jährigen. Sie alle wollten oder mussten ihren Heizvorrat aus dem Wald holen. All diese Menschen verfügten miteinander über eine unglaubliche Sammlung an Wissen und Erfahrung rund um das Brennholz. Wissen, das ich hier mit meinen Leserinnen und Lesern teilen darf.

Brennholz richten – was so einfach klingt, ist ein archaisch ursprünglicher Vorgang, der aber trotzdem in vielfältigsten Formen gelebt und gepflegt wird. Die einfachste Art ist das Sammeln von sogenanntem Klaubholz. Der Wald wirft ja ständig abgestorbene Äste, vom Schnee gebrochene Wipfel und ähnliches Material zu Boden. Aber auch nach der Holzernte großer Bauholzstämme bleiben armdicke Reststücke in großer Menge liegen. Auch heute noch gibt es viele Forstbetriebe und Waldeigentümer, die gegen geringe Gebühr das Sammeln von Klaubholz erlau-

ben. Dafür genügt einfaches Handwerkzeug, eine Handsäge zum Ablängen unförmiger Stücke und eine Haue oder kleine Axt zum Putzen von ganz kleinen Ästen. Meine Mutter liebte das Klaubholzsammeln. Im fortgeschrittenen Alter von über 70 Jahren entdeckte sie diese Beschäftigung als neues Hobby. Im Haushalt hatte ihre Schwiegertochter viele Aufgaben übernommen. So zog sie mit ihrem Handkarren und dem erwähnten einfachen Werkzeug in den Wald. Zum großen Erstaunen aller schaffte sie es dann, jahrelang das ganze Haus mit Holz zu versorgen. »Die Ameisen bauen in kurzer Zeit einen Wolkenkratzer für ihre Verhältnisse, da werde ich wohl das Brennholz für einen Winter zusammenbringen!« Das war ihr Kommentar zu der respektablen Leistung, die sie auch mit weit über 80 Lebensjahren noch schaffte. Man soll diese Art des Brennholzsammelns also nicht unterschätzen. Ein großer Vorteil dabei liegt sicherlich im geringen Unfallrisiko. Keine gefährliche Motorsäge, keine fallenden Bäume sind zu fürchten. Damit kommen wir bereits zur nächsten Stufe, dem aktiven Fällen von Brennholzbäumen.

Auch hier genügt noch eine relativ einfache Ausrüstung. Ein PKW mit Anhänger oder sonstiges Transportmittel, eine mittelschwere Entastungsaxt sowie eine scharfe Handsäge, Bogensäge oder ein grobzähniger Fuchsschwanz reichen vollkommen aus, um beachtliche Holzmengen zu sammeln. Manch einer wird sich jetzt über die Handsäge wundern. Dies ist aber für jeden Anfänger eine wunderbare Möglichkeit, erste Erfahrungen zu gewinnen, bevor ein Motorsägenkurs besucht wird.

Das händische Ablängen und Schneiden von Brennholz, im Wald oder daheim am Holzbock, ist darüber hinaus eine herrlich entspannende und beruhigende Tätigkeit nach jedem hektischen Bürotag.

Wer Holzarbeiten auf diese Weise als Meditation und Ausgleich entdeckt, wird kaum mehr zurück ins Fitnessstudio gehen. Und gerade diesen wertvollen Beruhigungseffekt bei der Holzarbeit kann man natürlich ohne Motorsägenlärm in reinster Form genießen. Dabei erlebt man das nächste Geheimnis. Die vollbrachte Leistung ist stets umso höher, je weniger man darüber nachdenkt. Eine ganze Woche, jeden Tag nach dem Büro bloß eine Stunde lang von Hand Brennholz abzuschneiden, ergibt am Wochenende einen Holzberg, den man sich selbst nie zugetraut hätte.

Trotzdem, manchmal kommt es auf die Leistung und Geschwindigkeit an. Da hat dann die Stunde der Motorsäge geschlagen. Profis erbringen mit diesem Werkzeug für Lai-

en unvorstellbare Leistungen und auch eine faszinierende Präzision. Beim Fällen eines Baumes wird zuerst die sogenannte Fällkerbe in den Stammfuß geschnitten. Genau im rechten Winkel zu dieser Kerbe wird der Baum dann fallen. Anschließend kommt von der Rückseite der Fällschnitt. Dieser wird parallel zur Kerbe so weit in den Stamm geführt, dass der Baum nur mehr auf einer zwei bis fünf, sechs Zentimeter breiten Leiste steht. Die Breite dieser sogenannten Bruchleiste richtet sich nach der Dicke des Stammes. Mit dem Hineintreiben des Keils von der Rückseite kippt der mächtige Stamm nun genau über diese Leiste.

Solcherart können erfahrene Forstarbeiter Bäume mit einer Genauigkeit von wenigen zehn Zentimetern in die gewünschte Richtung legen.

Diese Erklärungen dienen aber vor allem zur Einstimmung. Der sichere Umgang mit einer Motorsäge kann und darf nur im Beisein eines geübten Fachmannes oder Lehrers erlernt werden. Es gibt dazu in jeder Region hervorragende Kurse, forstliche Ausbildungsstätten, Motorsägenführerscheine etc. Die Inbetriebnahme einer Motorsäge ohne derartige Ausbildung ist fahrlässig und keinesfalls zu empfehlen. Motorsägenarbeit benötigt auch die entsprechende Sicherheitsausrüstung. Von Schnittschutzschuhen und -hosen über Handschuhe und Helm mit Sicht- und Gehörschutz reicht die Liste dieser erforderlichen Gegenstände.

Wir sehen also, jede Form der Leistungssteigerung wird durch einen größeren Aufwand an Ausrüstung und Schulung erkauft.

Aber dieses Wissen kann sich jeder in den vorhandenen Institutionen abholen.

Wenden wir uns hier wieder mehr der Behandlung unseres Holzes zu, wenn es erst einmal an der Forststraße gelandet ist.

Allen Brennholzleuten dieser Erde, von der Klaubholz sammelnden Mutter bis zum professionell ausgerüsteten gewerblichen Brennholzerzeuger, ist ein Anliegen gemeinsam:

Die Trocknung

Brennholz muss trocken sein. Je trockener, desto besser. Es kann nur zu nass, aber niemals zu trocken sein.

Wenn Holz zu brennen beginnt, muss es die enthaltene Feuchtigkeit verdampfen. Dafür wird Energie verbraucht. Feuchteres Holz gibt viel weniger Wärme ab, weil diese ja zu einem großen Teil das enthaltene Wasser verdunsten muss.

Außerdem qualmt feuchtes Holz viel mehr. Im Ofen, im Kamin und in der Heizung bedeutet das Rußschichten, weitere Wirkungsgradverluste und vorzeitige Korrosion des Ofens. Auch der Umwelt tut feuchtes Holz nichts Gutes. Nicht nur, dass man durch den geringeren Heizwert weitaus mehr verbrennen muss, nein, auch die Abgase selbst beinhalten mehr Rußpartikel und Schwelstoffe einer unvollständigen Verbrennung. Die an sich sehr umweltfreundliche Nutzung der gespeicherten Sonnenenergie im Brennholz verliert ein Stück dieses Vorteils, wenn die Scheiter in unseren Öfen nicht wirklich gut getrocknet sind.

Wenn zu feuchtes Holz verbrennt, hört man es zischen. Wer in diesem Augenblick die Ofentüre öffnet, sieht an den Stirnseiten der Holzscheite Wasser austreten. Kleine Blasen bilden sich und Wasser verdampft. Das ist dann der sichere Beweis dafür, dass man zu feuchtes Holz mit allen Nachteilen erwischt hat.

Die Trocknung des Holzes lässt sich messen. Jeder Tischler benutzt so ein Holzfeuchtemessgerät. Als Faustregel soll man sich merken: Gutes Brennholz soll weniger als 20 % relative Holzfeuchte haben. Dieser Wert ist noch aus einem weiteren Grund sehr wichtig. Holz, das trockener als 20 % ist, wird nicht mehr von Pilzen befallen. Holzpilze brauchen nämlich mehr Wasser zum Leben.

Unter 20 % ist Holz daher gut lagerfähig. Zumindest für jene Jahre, die man das Brennholz vorrätig hält.

Wie erreicht der einfache Brennholzsammler ohne jegliche technische Möglichkeit nun diesen Wert? Wachsende Bäume haben ja in den Randbereichen des Stammes 80–100 % relative Holzfeuchte und im inneren Kernbereich immer noch 30–50 %. Mit diesen hohen Wassermengen im Inneren liegt dein Stamm vor dir, wenn du ihn erst einmal gefällt hast.

Die Frage lautet also: Wie bringen wir das Wasser so schnell wie möglich aus dem Holz hinaus? In jedem Fall soll die Holzfeuchte wegtrocknen, bevor Pilze ihren Befall und das Zerstörungswerk beginnen können.

Der Insektenbefall, landläufig auch Holzwürmer genannt, kann beim Brennholz ziemlich vernachlässigt werden. Die europäischen Insekten, die Holz besiedeln, wie die Familien der Holzbock- und der Nagekäfer, richten in zwei, drei oder vier Jahren keinen relevanten Holzverlust an. Brennholz verschwindet nach diesem Zeitraum aber stets samt allfälligem Insektenbefall im Ofenloch. Doch damit zurück zur Kunst, das Wasser aus dem Holz herauszubringen.

Immerhin sind Bäume so gebaut, dass sie in Dürreperioden das Wasser möglichst lange speichern können. Sie verfügen über einen ausgeklügelten Austrocknungsschutz. Die wichtigste Rolle spielt dabei der wasserdichte Rindenmantel. Überall dort, wo wir diesen Mantel öffnen, trocknet das Holz um ein Vielfaches schneller. Am schnellsten trocknet es aber stets an den Schnittflächen der Stirnseiten. Hier ist nicht nur der wasserdichte Rindenmantel aufgeknöpft, sondern sind auch die Wasserleitungen durchgeschnitten. Holz abschneiden und spalten dient also nicht nur dazu, die Passgröße für das Ofenloch zu erreichen. Es ist auch eine höchst effiziente Förderung jeglicher Holztrocknung. Je kleiner das Brennholz gespalten und je kürzer es abgeschnitten wird, desto schneller trocknet es aus.

Mindestens genau so wichtig wie das rasche Zerkleinern des Brennholzes ist seine Lagerung an einem luftigen, sonnigen Ort. Je mehr Wind durch unsere Holzstapel bläst, je mehr Sonne darauf scheint, desto schneller erreicht Brennholz den ausgetrockneten Idealzustand.

Ablängen, spalten und luftig stapeln, gegen Regen von oben zumindest in der Endphase der Trocknung abdecken, das sind die Geheimnisse für den höchsten Brennwert in unserem Ofenholz.

Wer diese Regeln einhält, muss nur noch wissen, wie lange Holz zu lagern ist. Dann braucht er auch kein Messgerät und keine komplizierten Untersuchungen anzustellen. Natürlich können besonders akkurate Messer immer zum nächsten Tischler gehen und sich das Feuchtemessgerät ausborgen.

Bevor wir die Tricks der Holzlagerung erkunden, sollen aber noch dem Spalten unserer Stämme einige Zeilen gewidmet werden.

Spalten und Stapeln

Im Zeitalter hydraulischer Spaltgeräte, die im Fachhandel und in jedem Baumarkt erhältlich sind, werden größere Holzmengen meist maschinell gespalten. Trotzdem ist die gute alte Spaltaxt keineswegs ein Auslaufmodell.

Nicht nur auf der entlegenen Almhütte sind jene im Vorteil, die mit einer Axt noch gut umgehen können. Auch wenn das vorhandene Kaminholz zu groß ist oder wenn man in der glücklichen Lage ist, dass das eigene Vollholzhaus im Winter nur zwei, drei Raummeter Brennholz benötigt. Auch dann lohnt sich die maschinelle Spalt-ausrüstung nicht.

Schlussendlich ist das gekonnte Arbeiten mit der Axt ein archaischer Vorgang, den viele nicht missen wollen. Wer einmal gelernt hat, im ruhigen Rhythmus Holz zu spalten, erlebt diese Meditation der Arbeit, die schon beim Sägen beschrieben wurde. Mein großer Holzbau-lehrmeister Gottlieb Brugger, der Großvater meiner Frau, hatte als Zimmermann sein Lebtag lang mit dem Zimmermannsbeil und mit Äxten aller Art gearbeitet. Er hatte die Gesundheit und den Segen, dass er mit 90 Lebensjahren und darüber immer noch am Hackstock stehen konnte und das Brennholz spaltete. Seine Hand war inzwischen zittrig geworden. Auch von der früheren Kraft war viel verschwunden. Dennoch konnte man nur staunen, wenn er mit leichtem Zittern die Axt hob und danach zielsicher immer und immer wieder die Schneide seines Werkzeugs genau so ins Holz eindringen ließ, dass links und rechts die Scheiter nach einem einzigen Schlag wegspritzten.

Eile konnte man bei ihm nie spüren. Gelassen, uhr-werksgleich führte er seine Arbeit aus. Das Ergebnis, dieser Art zu werken, beeindruckte nicht nur durch die unglaubliche Leistung. Mit seinem Rhythmus und Können spaltete der alte Mann in der gleichen Zeit deutlich größere Mengen, als es manch jugendlicher Axtschwinger hätte tun können.

Opas Arbeitsweise war darüber hinaus aber auch ein Musterbeispiel für sicheres Arbeiten. Wer ohne Druck, ganz entspannt und mit reiner Freude arbeitet, der lebt in einem viel geringeren Risiko. Die angeblich nötige Hektik, die in unserer Zeit natürlich auch die Welt der Arbeit erfasst hat, erhöht die Unfallgefahr erheblich.

Die für mich wichtigste Lehre, die uns der Opa mit seiner Arbeitsweise geschenkt hat, mündet in eine Lebensphilosophie. In seinem ganzen langen Leben erlitt der Mann einen einzigen Arbeitsunfall. Ein Kollege ließ eine Axt fallen, die ihn an der Schulter traf. Das gab nach dem Zunähen der Wunde einen kurzen Arbeitsausfall.

Sonst hatte der Opa keinen einzigen Tag Krankenstand in seinem ganzen Berufsleben! Keine Grippe, keine Verdauungs- oder sonstigen Wehwehchen, nichts von dem, was wir alle kennen und uns manchmal ins Krankenbett legt.

Auf dieses Wunder angesprochen, antwortete er bescheiden: »Ich durfte immer jene Arbeit machen, die ich so gern gehabt habe. Und wir wurden nie getrieben. Da war es egal, auch zehn oder zwölf Stunden am Tag zu arbeiten!«

Das Glück, etwas zu tun, das unser Herz erfüllt, das beschert uns sicher ein ausgezeichnetes Immunsystem für Körper und Seele. Das Glück, das daraus entsprießt, jeden Tag aus seinem Inneren Danke sagen zu können, Danke für diese Arbeit, die ich heute tun konnte, für die Gesundheit, für mein Sein – dieses Glück kann man nicht kaufen.

Der Opa verdiente nie viel Geld, aber es war genug, um seine Familie zu ernähren. Geld war für ihn kein Maßstab des Handelns. Es war eben nötig, nicht mehr und nicht weniger.

Saubere Handarbeit, gut instand gehaltenes Werkzeug, bester Umgang mit dem Material Holz, seine geliebte Musik, all das war ihm viel wichtiger als die Zahl auf der monatlichen Lohnabrechnung. Opas Holzstapel waren nicht nur so geschlichtet, dass das Brennholz an der sonnigen Wand gut trocknen konnte. Es war stets auch ein Kunstwerk, das die Liebe und Freude des Errichtens zeigte.

Wer es schafft, das Nötige voller Freude zu tun, der schöpft aus einer nie versiegenden Quelle. Gewissermaßen war vor dem Haus der Großeltern nicht nur die im Holz gespeicherte Sonnenwärme der Holzscheiter gestapelt. Auch die Wärme und Fürsorge der großväterlichen Arbeit strahlte aus dem Stapel heraus, damit alle gut durch den Winter kommen.

Es klingt so einfach, einen Holzstoß zu errichten. Dabei sind die Vorgänge im Holzstoß selbst gar nicht so statisch und regungslos, wie man glauben könnte. Immerhin verlieren frisch gespaltene Scheiter rund 10 % ihres Querschnittes, also ihrer Stirnflächen im Zuge der Trocknung. Wer einen Holzstoß aufstapelt, sollte stets bedenken, dass jedes Stück beachtlich zusammenschrumpfen wird. Das genaueste Einpassen einzelner Holzstücke zwischen den Nachbarn wird nie einen dauerhaft festen Verbund im Stoß gewährleisten. Könnte man einen frischen Holzstoß filmen und die Bewegungen eines ganzen Trocknungsjahres im Zeitraffer ansehen, so würde man staunen, wie sehr sich die Gemeinschaft der Holzscheiter verzieht, verdreht, verrückt und neu aneinanderschmiegt. Es wurde sichtbar, wie ein rund zwei Meter hoher Stoß gut und gerne 20 Zentimeter tiefer zu schwinden vermag, während sich all seine Einzelteile neu einrichten und mit der Trocknung manchen Ruck in eine andere Lage vollziehen.

An einen lebenden Organismus könnten all die Bewegungen der einzelnen Holzstücke erinnern. Als wären es einzelne Schuppen einer hölzernen Hand, so wirken all die Stirnflächen der geschlichteten Stücke zusammen. So ziehen sie sich gemeinsam ein wenig zusammen – in diesem Prozess der Trocknung eines gestapelten Brennholzstoßes.

Ruhe, einigermaßen stabile Verhältnisse im Holzstoß kehren meist erst dann ein, wenn sich an den größeren Stücken stirnseitige Trocknungsrisse zeigen. Erst dann ist der größte Teil des Wassers aus dem Zellverband entwichen und der Trocknungsschwund weitgehend abgeschlossen.

Erst wenn man dieses Leben im Holzstoß bedenkt, versteht man, dass Holzstöße im Verhältnis zu ihrer Breite nicht zu hoch sein dürfen. Sonst drohen sie umzustürzen. Ein umgefallener Holzstoß bringt nicht nur Mehrarbeit, sondern meist auch Gelächter der Zuseher.

Meterlange Scheiter oder Rundlinge werden im freien Stapel aus diesem Grund meist nicht höher als zwei bis drei Meter gestapelt. Ofenlanges Holz mit 25 bis 30 Zentimeter Länge hält in einem sauberen Stapel an der Hauswand bis zu einem Meter sehr gut. Darüber sollte man die Hölzer befestigen.

Das geht zum Beispiel mit einem Draht oder einer festen Schnur sehr gut. Diese werden an der Wand fixiert und durch den Stapel durchgelegt. Sobald das Holz weit genug über den Draht gestapelt ist, wird nun an der Vorderseite ein Querholz, kleines Brett oder dergleichen befestigt. So entsteht ein Anker, der das Holz fest an der Wand hält. Mit ausreichenden Befestigungspunkten kann auch kurzes Brennholz gut zwei Meter hoch gestapelt werden, ohne dass die Gefahr des Einstürzens besteht.

Eine andere Methode der Stabilisierung von trocknendem Brennholz sind in kurzen Abständen von ein bis zwei Metern stehende Bretter oder Rundstangen im Stapel. Diese Steher müssen oben und unten an der Holzhütte, unter dem Vordach oder sonst wo befestigt werden.

Derartige Längsunterbrechungen verhindern das gefürchtete Ausbauchen der Holzstöße. Die Setzung des Trocknungsschwundes kann in den meterbreiten Feldern kontrolliert ablaufen.

Die pragmatischste aller Methoden sind schräge Steher, die an den Stapel gespreizt werden. Das sieht nicht so schön aus und braucht auch mehr Platz. Aber in manchen Situationen geht es so einfach am schnellsten.

Für den Opa war der Holzstapel an der Scheune gewissermaßen seine persönliche Visitenkarte. Er legte daher viel Wert auf das Aussehen. Mit einem einfachen Trick schaffte er Holzstapel, deren vordere Fläche wie mit einem Lineal abgemessen exakt eine ausgebügelt saubere

Oberfläche bildete. Holzscheiter sind ja nie ganz genau gleich lang abgeschnitten. Wer so wie ich seine Scheiter nur nach Gefühl und Augenmaß aufsetzt, wird daher immer eine etwas unregelmäßige Landschaft aller Stirnflächen bekommen. Der Opa hingegen verwendete stets ein breites Brett, das er an die Vorderseite des Stapels hing und mit dem wachsenden Holzstoß mit hinaufziehen konnte. So legte er Stück für Stück hinter dieses Brett und ließ die Stirnseite am Brett anstoßen. Es war sehr wenig Arbeit, dieses Brett mitzuziehen. Aber Opas Holzstapel erinnerten an die exakte Handwerkskunst eines Schreiners. Immer wenn ich im Winter von so einem Stoß das Holz zum Ofen trug, tat es mir beinahe leid, dieses Kunstwerk entfernen zu müssen. Aber der Opa lachte dazu: »Ich brauche ja nächstes Jahr auch wieder so eine schöne Arbeit!«

Zu guter Letzt sollen noch einige praktische Tipps für alle »Brennholzmenschen« zusammengefasst werden.

1. Die schwerste Arbeit ist immer das Bergen aus dem Wald. Diesen Teil daher besonders gut planen. Eventuell einen Bauern mit Traktor oder Seilwinde um Hilfe bitten.

2. Beim Fällen und Sägen sind gute und scharfe Handsägen viel effektiver als ihr Ruf glauben machen könnte. Ideal für Einsteiger, die nicht gleich mit dem Motorsägekurs beginnen wollen.

3. Holz spaltet frisch oder im Winter noch gefroren am besten. Wer mit der Axt spalten will, soll keinesfalls warten, bis das runde Holz angetrocknet ist. Trockenes Holz spalten benötigt viel mehr Kraftaufwand.

4. Sicher mit der Axt spalten: Einen festen, breiten Hackstock verwenden. Zuerst mit ausgestreckten Armen die Axt auf das Ziel legen, dann stimmt der Abstand.

5. Beim Spalten zuerst die Schneide der Axt auf den gewünschten Zielort auflegen und dann vor dem inneren Auge das genaue Treffen projizieren.

6. Am besten spalten kurze Stücke an der Stirnfläche. Stets mit der Schneide im rechten Winkel zu den Jahresringen auf das Holz hauen. So kann sich die Axt in keinem Ast verbeißen.

7. Vor allem in wärmeren Klimazonen soll Brennholz nicht an Holzwänden von Gebäuden gestapelt werden. Der Hausbock könnte vom feuchten Brennholz ins Bauholz übersiedeln. In Gegenden mit Termiten ist das noch viel wichtiger. Im Gebirge, bei Almhütten etc., ist diese Gefahr nicht so groß.

8. Viel Luft zwischen gestapelten Holzscheitern fördert die Trocknung. Längsseitig zwischen den Hölzern soll der Wind gut durchblasen können.

9. Die Trocknungsdauer ist sehr unterschiedlich. An einer luftigen Südseite und gleichzeitig unter einem Vordach kann gespaltenes und gestapeltes Holz in einem Sommer durchaus trocken werden. Im Halbschatten ist es immer besser, zwei Jahre einzuplanen. Einige Holzarten brauchen extra lang zum Trocknen. Eichen- und Eschenholz soll am besten drei Jahre luftig lagern, bevor man es verheizt. Lärchenholz ist ebenso ein Sonderfall. Die Lärchenscheiter werden am besten zwei Jahre ohne Abdeckung im Wald gelagert. Danach wird es noch einmal, am besten ofenlang abgeschnitten, ein bis drei Jahre gelagert und getrocknet. Diese Verwitterung kann der Lärche gar nichts anhaben, aber das schwer entzündbare Holz brennt dann etwas besser.

10. Holzschuppen müssen zumindest an drei Seiten total luftdurchlässig sein. Eine Wand nur aus Holzlatten mit großen Spalten dazwischen ist ideal. In Lagerräumen ohne Luftzug soll Brennholz erst nach vollständiger Trocknung eingelagert werden.

Brennwerte, Zahlen und Berechnungen

»Hartes Buchenholz wärmt doppelt so viel wie die weiche Fichte.« Solche Meinungen hört man immer wieder. Trotzdem ist diese Aussage falsch. Der Heizwert des Holzes hängt vor allem vom Trockengewicht ab. Ein Kilogramm gleich trockenes Holz beinhaltet immer die gleiche Energiemenge, die beim Verbrennen frei wird, gleichgültig, ob es sich um ein Kilo Eiche, Erle, Tanne oder Birke handelt.

Normal getrocknetes Holz mit Feuchtewerten von unter 20 % gibt bei der Verbrennung 4,2 kWh Energie je Kilogramm Holz ab.

Unterschiedlich ist nur das Gewicht der einzelnen Holzarten. Von einer Eiche oder Buche brauchen wir deutlich weniger Menge, um ein Kilo zusammenzubringen, als etwa von einer Pappel oder Grauerle. Das Gewicht je Kubikmeter reinem und trockenem Holz ist darum die wichtigste Kennzahl für den Brennwert einer Holzart.

Schauen wir uns die Reihung der Heizkraft verschiedener Baumarten daher nach dem durchschnittlichen Gewicht je Kubikmeter (cbm) an. Bei all diesen Werten soll man wissen, dass Klima und Boden für jeden Baum verschieden sind. Langsam- und Schnellwüchsigkeit, schwereres Holz beim Astansatz oder Druckholz und viele natürliche Erscheinungen sorgen stets für beträchtliche Streuungen rund um angegebene Mittelwerte.

Kilogramm pro Festmeter (1 fm = 1 cbm)

Hainbuche	680
Rotbuche	650
Eiche	630
Esche	650
Lärche	540
Ahorn	570
Birke/Hasel	510
Kiefer/Schwarzerle	510
Tanne/Fichte/Pappel	430
Grauerle	400

Eine Besonderheit bei den Holzmaßen ist der sogenannte Festmeter (fm). Das ist nichts anderes als ein Kubikmeter reines Holz. Solange Stämme allerdings rund sind, wird als Volumenmaß vom Festmeter gesprochen. Für Förster und Waldarbeiter heißt der Kubikmeter also Festmeter. Sobald im Sägewerk aus einem Stamm Pfosten, Bretter und Kanthölzer entstanden sind, wird deren Volumen in Kubikmeter Schnittholz angegeben. In beiden Fällen ist es ein Kubikmeter reine Holzmasse.

Wird Holz allerdings gestapelt, so spricht man vom Raummeter. Der Raummeter (rm) beinhaltet weniger als einen ganzen Kubikmeter reines Holz. Beim Stapel ist ja immer Luft dazwischen. Ein Raummeter Brennholz, der in manchen Gegenden, etwa Bayern, auch ein Ster genannt wird, besteht daher stets aus Holz und Luft dazwischen.

Je nachdem, wie klein das Holz gesägt und gespalten ist, ergibt sich der Faktor für die Umrechnung vom Festmeter reinem Holz auf Raummeter oder Ster des Stapelmaßes.

Für gehäckseltes Holz, das einfach lose geschüttet wird, gibt es als Maß den sogenannten Schüttraummeter (srm). Wie beim gespaltenen Brennholz ist das ein Raummaß von hier kleineren Holzstücken mit Luft dazwischen.

1 fm Rundholz
    ergibt ⟶ 1,4 rm gespaltenes Scheitholz,
                  1 m lang gestapelt
    oder ⟶ 1,2 rm ofenfertig gestapeltes Stückholz
    oder ⟶ 2,0 rm geschüttetes Stückholz im Drahtkorb, Anhänger, Holzschuppen etc.

oder ⟶ 2,5 srm Hackgut, fein geschüttet

oder ⟶ 3,0 srm Hackgut, grob geschüttet

Der Umrechnungsfaktor, um umgekehrt den Inhalt eines Raummeters in Festmeter zu ermitteln, beträgt

beim meterlangen Scheitholz:	0,7
beim ofenlang gestapelten Stückholz:	0,85
beim geschütteten Stückholz:	0,50
beim feinen Hackgut:	0,40
beim groben Hackgut:	0,33

Noch eine sehr anschauliche Zahl ist der Brennkraftvergleich mit Heizöl:

1.000 Liter Heizöl werden ersetzt durch:
- 5–6 rm Laubholz (Hartholz)
- 7–8 rm Nadelholz (Weichholz)
- 2.100 kg Holzpellets
- 10–15 srm Hackgut

Wer sich von einem runden Stamm den Inhalt ausrechnen will, der findet hier die Formel:

$$M = \frac{d \times d}{4} \times \pi \times \text{Länge}$$

Beispiel: Ein 5 m langer Stamm mit 35 cm Durchmesser enthält 0,48 fm reines Holz.

$$\frac{0{,}35 \times 0{,}35}{4} \times 3{,}1416 \times 5 = 0{,}48 \, \text{fm}$$

Für alle, die nicht so gerne rechnen, gibt es hier die sogenannte Kubierungstabelle für Rundholz. Wer die Länge
und den Durchmesser in der Mitte eines Stammes kennt,
kann in der Tabelle einfach den Holzinhalt in Festmeter
ablesen.

Kubierungstabelle für Rundholz
Tabelle zum Ablesen des Festgehaltes von Rundholz
(reiner Holzinhalt eines Stammes)

Durch-messer in cm	Länge in Meter							
	1,00	2,00	2,50	3,00	3,50	4,00	4,50	5,00
6	0,003	0,01	0,01	0,01	0,01	0,01	0,01	0,01
7	0,004	0,01	0,01	0,01	0,01	0,01	0,01	0,01
8	0,001	0,01	0,01	0,02	0,02	0,02	0,02	0,03
9	0,006	0,01	0,02	0,02	0,02	0,03	0,03	0,03
10	0,008	0,02	0,02	0,02	0,03	0,03	0,04	0,04
11	0,010	0,02	0,02	0,03	0,03	0,04	0,04	0,05
12	0,011	0,02	0,03	0,03	0,04	0,05	0,05	0,06
13	0,013	0,03	0,03	0,04	0,05	0,05	0,06	0,07
14	0,015	0,03	0,04	0,05	0,05	0,06	0,07	0,08
15	0,018	0,04	0,04	0,05	0,06	0,07	0,08	0,09
16	0,020	0,04	0,05	0,06	0,07	0,08	0,09	0,10
17	0,023	0,05	0,06	0,07	0,08	0,09	0,10	0,11
18	0,025	0,05	0,06	0,08	0,09	0,10	0,11	0,13
19	0,028	0,06	0,07	0,09	0,1	0,11	0,13	0,14

20	0,031	0,06	0,08	0,09	0,11	0,13	0,14	0,16
21	0,035	0,07	0,09	0,10	0,12	0,14	0,16	0,17
22	0,038	0,08	0,10	0,11	0,13	0,15	0,17	0,19
23	0,042	0,08	0,10	0,12	0,15	0,17	0,19	0,21
24	0,045	0,09	0,11	0,14	0,16	0,18	0,20	0,23
25	0,049	0,10	0,12	0,15	0,17	0,20	0,22	0,25
26	0,053	0,11	0,13	0,16	0,19	0,21	0,24	0,27
27	0,057	0,11	0,14	0,17	0,20	0,23	0,26+	0,29
28	0,062	0,12	0,15	0,18	0,22	0,25	0,28	0,31
29	0,066	0,13	0,17	0,20	0,23	0,26	0,30	0,33
30	0,071	0,14	0,18	0,21	0,25	0,28	0,32	0,35
31	0,075	0,15	0,19	0,23	0,26	0,30	0,34	0,38
32	0,080	0,16	0,20	0,24	0,28	0,32	0,36	0,40
33	0,086	0,17	0,21	0,26	0,30	0,34	0,39	0,43
34	0,091	0,18	0,23	0,27	0,32	0,36	0,41	0,45
35	0,096	0,19	0,24	0,29	0,34	0,38	0,43	0,48
36	0,102	0,20	0,25	0,31	0,36	0,41	0,46	0,51
37	0,108	0,22	0,27	0,32	0,38	0,43	0,48	0,54
38	0,113	0,23	0,28	0,34	0,40	0,45	0,51	0,57
39	0,119	0,24	0,30	0,36	0,42	0,48	0,54	0,60
40	0,126	0,25	0,31	0,38	0,44	0,50	0,57	0,63
41	0,132	0,26	0,33	0,40	0,46	0,53	0,59	0,66
42	0,139	0,28	0,35	0,42	0,48	0,55	0,62	0,69
43	0,145	0,29	0,36	0,44	0,51	0,58	0,65	0,73
44	0,152	0,30	0,38	0,46	0,53	0,61	0,68	0,76
45	0,159	0,32	0,40	0,48	0,56	0,64	0,72	0,80

46	0,166	0,33	0,42	0,50	0,58	0,66	0,75	0,83
47	0,173	0,35	0,43	0,52	0,61	0,69	0,78	0,87
48	0,181	0,36	0,4	0,54	0,63	0,72	0,81	0,90
49	0,189	0,38	0,47	0,57	0,66	0,75	0,85	0,94
50	0,196	0,39	0,49	0,59	0,69	0,79	0,88	0,98

Mit diesen Tabellen und Zahlenwerten lassen sich sehr gut die eigenen Brennholzvorräte und Schätze bewerten. Auch beim Einkauf von Brennholz ist es praktisch, hier nachschauen zu können. Beim Holzhandel ist es wie beim Rosshandel: Wer sich gut auskennt, der fährt immer besser.

Zuletzt sollen noch einige Erfahrungen »alter Brennholzhasen« abseits von Berechnungen und Tabellen erwähnt werden.

Auch wenn der Brennwert überwiegend vom Gewicht bestimmt wird, bestehen zwischen den Hölzern wesentliche Unterschiede im Brandverhalten.

Die harzigen Nadelhölzer, die Lärche, Kiefer und Fichte, knistern und sprühen ihre Funken, dass es nur so eine Freude ist. Für den offenen Kamin sind sie allerdings denkbar ungeeignet. Wer Kaminholz sucht, ist beim Laubholz, bei den Birken, Erlen und all den anderen viel besser aufgehoben.

Aus der Gewichtstabelle können wir herauslesen, dass die Buche nicht doppelt so viel Energie abgibt wie die Fichte, sondern bei gleichem Volumen um 50 %, also um die Hälfte mehr.

Wer also stets über trockenes Buchenholz verfügt, darf sich über die warme Stube freuen. Trotzdem hat die Fichte einen Vorteil, der sie als Ergänzung zur Buche empfiehlt.

Fichtenholz gibt am Anfang des Anfeuerns schneller eine größere Hitze ab. Immer, wenn ich als Förster im Winter zu einer meiner tief verschneiten Wald- und Berghütten kam und das erste Feuer entfachte, griff ich zum Fichtenholz. Nicht nur, weil Fichtenspäne leichter anbrennen. Nein, zum Aufheizen der Hütte war die Fichte ideal. Sie verbreitet am schnellsten die erste Hitze. Wenn dann am Abend vor dem Schlafengehen ein schönes Glutbett im gemauerten Ofen schimmerte, dann legte ich das größte Buchenscheit nach. So hielt die Wärme am längsten und die Hütte war am Morgen nicht wieder ganz ausgefroren.

Am ärmsten sind beim Feuermachen jene dran, die aus irgendeinem Grund draußen im Wald ohne sorgfältig getrocknetes Holz ein Feuer entfachen wollen. Von meinen Holzknechten habe ich gelernt, wie man mitten im tiefen Schnee mit grünem Holz ein zwar stark rauchendes, aber trotzdem wärmendes Feuer bekommen kann.

Am besten von allen grünen Teilen der Bäume brennt die Rinde der Birke. Birkenrinde brennt auch mitten im tiefen Schneewinter.

Am kleinen Birkenrindenfeuer gelingt es dann, Fichtenspäne so weit zu trocknen, dass auch sie zu brennen beginnen. Der wichtigste Trick dabei: Diese Fichtenspäne dürfen niemals aus dem Randbereich der Bäume, dem sogenannten Splint, stammen. Sie sollen aus dem innersten Kernholz, das wesentlich trockener ist, fein herausgespalten werden. Immer, wenn frisches Holz verheizt werden muss, ist es entscheidend, zwischen Kern- und Splintholz zu trennen. Erst wenn mit dem Kernholz ein schönes Feuer brennt, kann am Rand das viel feuchtere Splintholz dazugelegt werden.

*Das Wissen der Alten um den richtigen Umgang mit Holz
sollten wir bewahren und an die nächsten Generationen weitergeben.
Wie seit Jahrhunderten üblich, hat der alte Jäger Fritz Löffler
seinen kunstvoll geschlichteten Brennholzstapel mit Rinde abgedeckt,
um ihn vor Regen zu schützen.*

Wenn gar keine Birken aufzutreiben sind, können auch trockene Flechten gute Dienste erweisen. So ein winterliches Waldfeuer ist natürlich weit von optimaler Verbrennung entfernt. Wer aber den ganzen Wintertag im Wald arbeitet und so ein Plätzchen an der Wärme findet, der freut sich ohne Wenn und Aber, dass sich auch hier die gespeicherte Sonnenkraft des Sommers entfaltet.

KAPITEL FÜNF

EIN AUSFLUG IN DIE WELT DES GESUNDEN BAUENS UND WOHNENS

In diesem Kapitel lesen Sie,

*… warum man selbst im **Badezimmer** Holzböden verlegen kann;*

*… über das Geheimnis der **ewig staubigen Stiege**;*

*… von den Vorzügen des Holzes in der **Küche** bei Salmonellen;*

*… wie das totgeglaubte, uralte Wissen des Zimmermannes Gottlieb Brugger neue Bedeutung für **gesundes Bauen und Wohnen** erlangt.*

Der Badezimmer-Holzboden-Tischlermeister oder:
Drei Gesichter im Bad

Wer kennt nicht den kratzenden Hals, wenn im Winter durch die Zentralheizung die Luft trocken wird und die Heizkörper noch zusätzlich Staub aufwirbeln? Wer kennt nicht die dampfende Luft und den beschlagenen Spiegel im Badezimmer?

Beides empfinden wir als unbehaglich. Zu wenig Wasser in der Luft ist ebenso unangenehm wie eine zu hohe Feuchtigkeit. Dampfende Luft erleben wir immer als schwer zu atmen, im warmen Badezimmer ebenso wie bei einem Spaziergang im eiskalten Winternebel. Auch Staub und extreme Trockenheit belasten unsere Atmung.

Es ist naheliegend, dass für unser Wohlempfinden jener Baustoff der beste ist, der die Feuchtigkeit am besten puffern und ausgleichen kann. Unabhängig, ob es extrem trocken oder extrem feucht ist. Atmendes Holz mit seiner riesigen inneren Oberfläche, mit den vielen Poren, Kapillaren und Mikroröhrchen reagiert auf jede Feuchtigkeitsänderung der umgebenden Luft. Wird es plötzlich feuchter, beginnt Holz, Feuchtigkeit aufzunehmen und dadurch die Luft zu trocknen. Wird es wieder trockener, gibt das Holz von seiner eingelagerten Wassermenge wieder etwas an die Luft ab und gleicht damit die umgebende Luftfeuchtigkeit aus.

Holz in der Wohnung ist also ein idealer Feuchtigkeitspuffer. Je mehr Holz in einem Wohnraum vorhanden ist, desto größer ist der Puffereffekt. Machen Sie den Versuch mit dem Badezimmer, der weiter unten beschrieben ist. Wer jetzt Bedenken anmeldet, dass gerade im Badezimmer die Gefahr des »Arbeitens« von Massivholz durch Feuchtigkeitsschwankungen zu groß ist, für den sind diese Zeilen besonders wichtig.

Es stimmt, gewöhnlich treten im Badezimmer die extremsten Klimaschwankungen unserer Wohnung auf. In den ersten Jahren der Herstellung von Vollholzböden habe auch ich in unserem Betrieb auf Badezimmerböden verzichtet, weil ich zu große Fugen zwischen den einzelnen Holzdielen oder zu große Bewegungen des Bodens im feuchten Badezimmer befürchtete. Nach vielen Arbeiten in Badezimmern weiß ich jetzt aber: Auch hier ist volles Holz vom richtigen Zeitpunkt die beste Wahl.

Und das war das Schlüsselerlebnis für diese Erkenntnis: Als eines Tages ein befreundeter Tischlermeister einen Kirschboden für eine »Kundschaft« bestellte, sagte er mir nicht, für welchen Raum der Boden vorgesehen war. Er hat den Kirschboden wie besprochen bekommen und mir später bei einem Telefongespräch erklärt, dass der Boden sehr schön geworden ist. Auf meine Frage, ob der Besitzer zufrieden sei, meinte er: »Das kann man wohl sagen!«

Gelungen war daher die Überraschung, als ich Monate später im Haus des Tischlermeisters auf Besuch war und in sein Badezimmer geführt wurde. Der Tischlermeister hatte mir bisher verschwiegen, dass er selbst die »Kundschaft« gewesen war. Hier lag unser Kirschboden! Er war schön und sauber verlegt. Von Fugen konnte keine Rede sein. Die Kirschdielen lagen wie am ersten Tag. Der Tischler erklärte mir schmunzelnd, dass er meine Vorsicht kenne und mir schlaflose Nächte wegen des Kirschbodens im Badezimmer ersparen wollte. Er habe ohnehin schon lange gewusst, dass man Holzböden vom richtigen Zeitpunkt auch in einem Badezimmer verlegen kann!

Drei verschiedene Gesichter im Badezimmer waren das Ergebnis der Besichtigung: Ein freudiges Gesicht der Tischlermeisterin, die stolz auf ihren schönen Kirschboden blickte, ein schmunzelnder Tischlermeister, der seinen Spaß an der gelungenen Überraschung und an meinem Blick kaum verbergen konnte, und schlussendlich mein eigener Grind[20], der einigermaßen erstaunt aussah, sonst hätte sich der Tischlermeister wohl nicht so gefreut.

Inzwischen liegen bereits in vielen Badezimmern Vollholzböden aus unserer Werkstatt.

Je mehr atmendes Holz sich in einem Wohnraum befindet, desto ausgeglichener ist die Luftfeuchtigkeit. Beispiel: Wenn sich die Raumluft in einem Wohnraum von 35 % auf 65 % erhöht, nimmt ein Quadratmeter Fichtenschalung in 12 Stunden ca. 10 Gramm Wasser auf. Um genau diese 10 Gramm Wasser je m² Holz bleibt die Luft also trockener. Im gegenteiligen Fall, d. h. bei plötzlicher Trocknung der Raumluft, passiert das Umgekehrte. Das Holz gibt langsam wieder Wasser ab.

---

[20]   mundartlich für »Gesicht«

Machen Sie selbst einen Versuch: In vielen Badezimmern ist der Spiegel nach dem Einbau von Holzdecken, Wandverkleidungen aus Holz und/oder Holzböden nach dem Duschen nicht mehr oder kaum mehr beschlagen.

Dabei müssen Sie auf eines aufpassen: Schichtverleimte Paneele, lackierte und beschichtete Holzoberflächen machen diese Puffereigenschaft des Holzes ganz oder teilweise zunichte. Die guten Holzeigenschaften erhalten Sie nur durch massive, unverleimte Verarbeitung und Oberflächenbehandlungen, die die Atmung des Holzes nicht behindern.

Die ewig staubige Stiege

Durch Reibung können sich Oberflächen elektrostatisch aufladen. Die dabei entstehende Ladung ist umso größer, je weniger leitfähig die Oberfläche ist. Denken Sie an das Knistern beim Überziehen eines Pullovers aus Kunstfasern. Beim Naturmaterial Schafwolle oder Leinen werden Sie das kaum erleben. Teppichböden aus Kunstfasern können sich allein durch das Begehen aufladen. Der berühmte Schlag beim Berühren der Türklinke ist die dazugehörende Entladung. Elektrostatische Aufladungen können sogar durch das Vorbeistreichen der (zentralbeheizten) Raumluft an nichtleitenden, »künstlichen« Oberflächen entstehen.

Baubiologen achten darauf, dass im Wohnbereich so wenig elektrostatisch aufladbare Oberflächen wie möglich vorhanden sind. Der menschliche Körper hat ein natürliches, schwach elektrisches Schutzfeld um sich. Dieses Feld stößt Staub- und Schmutzpartikel, Bakterien usw. von der Haut ab. In Räumen mit stark elektrostatisch geladenen Feldern ist dieses natürliche Schutzfeld des Menschen gestört. Die Folge können bei empfindlichen Menschen Allergien, Schleimhautentzündungen, Erkältungskrankheiten, Kopfschmerzen usw. (»Sick-Building-Syndrom«) sein.

Ein weiterer Nachteil elektrisch geladener Oberflächen ist die Neigung zu verstauben und zu verschmutzen, weil Partikel, die in der Raumluft schweben, angezogen werden. Denken Sie an die Oberflächen des Fernsehbildschirmes oder der Stereoanlage, die ebenfalls Staub anziehen.

Abhilfe ist aber einfach: Sorgen Sie für viele natürliche (Holz-)Oberflächen in Ihrer Wohnung, die entweder unbehandelt oder nur mit Naturstoffen (z. B. Bienenwachs, Naturharzöle u. Ä.) versehen sind.

Böden, Wände oder Decken aus Holz werden die natürlichen elektromagnetischen Felder Ihrer Wohnung nicht nachteilig beeinflussen. Diese Eigenschaft des unbehandelten Holzes ist eine Ursache dafür, dass wir die aus unbehandeltem Holz erbaute Almhütte gemütlicher empfinden als eine Wohnung mit lackierten Oberflächen.

Dazu eine kleine Geschichte:

Ein junges Ehepaar, das in unserer Nachbarschaft vor einigen Jahren ein Haus errichtet hatte, erlebte die Eigenschaften verschieden behandelter Holzoberflächen auf unerwartete Weise. In den beiden Vorzimmern im Erdgeschoss und im ersten Stock verlegte der Bauherr, selbst ein gelernter Zimmermann, einen Eschenboden. Die Oberfläche dieses Eschenbodens wurde mit Naturharzöl und Bienenwachs eingelassen. Die Treppe aber, die die beiden Vorzimmer miteinander verbindet, baute ein Tischler. Dieser hatte noch nie mit Naturharzöl gearbeitet – er lackierte die Treppe mit einem herkömmlichen Lack auf Wasserbasis.

»Fürchterlich«, klagte die Hausfrau, nachdem sie sich zwei Jahre mit der lackierten Treppe geplagt hatte. »Es ist, als ob die Treppe den Staub aus dem ganzen Haus anzieht. Diese Stiege kommt mir vor wie ein Staubmagnet. Die geölten Böden in den Vorzimmern sind nie staubig. Nur die lackierte Treppe ist immer mit Staub überzogen. Ich könnte sie dreimal am Tag wischen. Ich jammere meinem Mann immer vor, dass er endlich den Lack abschleift und die Stiege genauso wie den Boden ölt. Er hat mir versprochen, dass er das im nächsten Winter macht.«

Ihr Blick, der dem danebenstehenden Mann galt, ließ an ihrer Absicht, dieses Versprechen auch einzufordern, keinen Zweifel offen.

Was ist hygienischer?

Drastisch sind die Ergebnisse einer US-Studie zu Lebensbedingungen von Salmonellen auf verschiedenen Materialien: Auf einer unbehandelten Holzoberfläche starben Salmonellen nach wenigen Minuten ab. Auf Plastikflächen dagegen konnten Salmonellen nicht nur überleben, sondern sich auch noch gut vermehren! Denken Sie an

Küchenplatten und Schneidbretter mit Kunststoffbeschichtungen, die viele Menschen als hygienischer einstufen als Arbeitsplatten aus Holz; oder an Menschen, die glauben, Holz aus hygienischen Gründen lackieren und beschichten zu müssen. Lackiertes Holz verhält sich wie eine Plastikoberfläche.

Opas Wissen für eine neue Zeit

Gottlieb Brugger (1907–1999), der Großvater meiner Frau, von dem ich in diesem Buch schon mehrmals berichtet habe, war in meinem Leben mehr noch als ein väterlicher Freund. Ohne ihn würden Sie dieses Buch wohl nicht in Ihren Händen halten können. Sein Wissen aus einem langen Zimmermannsleben hat er mir und uns allen bereitwillig geschenkt. Bei manch schwieriger Entscheidung in unserem damals noch jungen Unternehmen war er es, der mich auf ungewöhnlichen Wegen bestärkte.

Dabei war er ein ganz einfacher und bescheidener Mann. In der kargen Zeit nach dem Ersten Weltkrieg verlor er beide Eltern und wurde als Waisenkind elfjährig zum Seethalbauer in Hollersbach im Oberpinzgau gebracht.

Diesen Bauersleuten war der Opa sein Leben lang dankbar. Sie behandelten ihn wie ihr eigenes Kind. Das war in jener Zeit alles andere als selbstverständlich. So konnte er sogar seinen Traumberuf, das Zimmermannshandwerk, erlernen.

Noch vor dem Zweiten Weltkrieg heiratete er seine Frau Elisabeth und baute für seine junge Familie ein kleines Holzhaus in der Ortschaft Krimml. Dann kam der Krieg und er musste als Soldat zu den Pionieren an die Ostfront in Russland. Auch hier war er mit Brückenbau und sonstigem Holzbau beschäftigt. Später galt er als verschollen, bis er eines Tages, lange nach dem Krieg, völlig überraschend, abgemagert, mit einem kleinen Rucksack in der Tür seines Hauses stand. Zu der Zeit durfte die Oma einen einzigen Raum bewohnen, der Rest des Häuschens war von amerikanischen Besatzungssoldaten belegt. Weinend umarmte sie ihren Mann. Die Soldaten ließen die beiden allein.

Bereits am nächsten Tag ging er hinaus und packte sein einfaches Zimmererwerkzeug aus, das er vor dem Einrücken sorgfältig versteckt hatte. Von diesem Tag an arbeitete er als Zimmermann, bis er weit über 80 (!) Jahre alt war. Erst als seine Frau nach mehr als 60 gemeinsamen Jahren erkrankte, legte er die Arbeit nieder und saß zwei Jahre lang an ihrem Bett, bis sie sterben konnte. In dieser Zeit der Pflege, kurz vor seinem 90. Geburtstag, hatte er seine außergewöhnliche körperliche Leistungsfähigkeit und Beweglichkeit eingebüßt.

Nach dem Tod seiner Frau wollte er noch einmal den Zimmermeister besuchen, mit dem er das ganze Berufsleben gearbeitet hatte. Ich fuhr mit ihm den kurzen Weg von Krimml zu Franz Knapp sen. nach Neukirchen am Großvenediger. Dort lag ohnedies mein erstes, kleines Sägewerk.

In der Küche beim Knapp Franzl, wie ihn der Opa nannte, hockten die beiden alten Herren. Gemeinsam waren sie mehr als 180 Jahre alt und erzählten sich kurzweilige Geschichten aus ihrem Leben. Dann setzte sich die

Tochter Knapps, immerhin auch schon über 70-jährig, dazu. Sie berichtete mir, dass sie das ganze Leben die Buchhaltung und Lohnverrechnung geführt hatte. »So einen wie euren Opa habe ich vorher und nachher nie mehr gesehen«, sagte sie zu mir. »In seiner ganzen Arbeitszeit hatte er nur zwei Krankenstandstage. Dieser Mensch war immer gesund!« Das stimmte. Seine Gesundheit und seine Arbeitsfreude waren weitum bekannt, und es existierten einige lustige Anekdoten von ihm im Dorf:

Er war schon über 80, da stand er an einem strengen Wintertag auf dem Dach des Hauses, mit einem Fuß oberhalb der Dachrinne, scharf an der Kante zum Abgrund, und schöpfte seelenruhig den Schnee vom Dach. Der alte Zimmermann, der sein Leben lang auf Dachbalken geklettert war, kannte keine Angst vor dem Abgrund.

Unten vor dem Haus beobachtete seine Tochter, meine Schwiegermutter, mit ihrem Mann das Geschehen. Sie regten sich maßlos auf und waren mehr als besorgt, dass der alte Vater herunterfallen könnte. Da ging die Oma hinaus und beruhigte ihre Tochter in derselben, ruhigen Art ihres Mannes: »Geh, Hilda, da brauchst du dich doch nicht aufzuregen. So gut sieht der Opa doch nicht mehr. Er sieht gar nicht mehr ganz hinunter!« Der Opa indessen schöpfte in seinem ruhigen Takt zu Ende.

Trotz alledem gab es in seinem Leben auch einige Dinge, die ihn schmerzten. In den 1970er- und 1980er-Jahren setzte in seinem Handwerk eine rasante Modernisierungswelle mit modernen Holzwerkstoffen, den verklebten Spanplatten und Hölzern ein. Opas Können und Wissen, mit dem alle Aufgaben durch schöne Massivholzarbeit gelöst werden, wurde immer weniger geschätzt. Es schien, als wäre er ein Auslaufmodell. Obwohl er darüber keine Worte verlor, kränkte ihn das. Aber der Lauf der Zeit war natürlich nicht aufzuhalten.

Dann wuchsen wir, seine Enkelkindergeneration, in die Arbeitswelt hinein. Und plötzlich wurde sein Wissen für uns die Lösung für ein fürchterliches Problem.

Nach knapp sechs Jahren im alten Forsthaus im Tiroler Karwendelgebirge, das aus unbehandeltem, massivem Fichtenholz gezimmert war, zogen wir mit unseren drei Kindern wieder zurück ins Salzburger Land. Das Haus in St. Johann, das uns damals aufnahm, war etwa 30 Jahre alt. Es war zu einer Zeit errichtet worden, in der niemand auf gesundes Wohnen geachtet hatte.

Unser Familienglück schien perfekt, bis plötzlich zwei unserer Kinder erkrankten. Jeden Abend erlebten wir im Kinderzimmer starkes Husten und asthmaähnliche Erstickungsanfälle. An so einem Abend am Bett meines Sohnes, in einer Stunde des Leides, sollte dann ohne jede Absicht unser Unternehmen, die Firma Thoma, geboren werden.

Nach einem Hustenanfall stellte mir mein Kind mit großen Augen eine Frage: »Papa, warum bekomme ich keine Luft mehr?«

Um Gottes willen, was sollte ich antworten? Ich wollte den Buben beruhigen, ihm Mut und Zuversicht geben. Ohne zu überlegen, sagte ich: »Du kannst dich darauf verlassen, du wirst genug Luft bekommen. Ich verspreche dir, dass ich mein ganzes Leben lang alles tun werde, dass du und alle Kinder genug gute Luft bekommen!« Der Satz war ausgesprochen. Er nahm meine Hand: »Danke, Papa!« Dann schlief er ein.

Ich ging in die Küche und mir wurde erst bewusst, welch großes Versprechen ich abgegeben habe. »Was willst du tun?«, fragte meine Frau. »Ich weiß nicht wie, aber zuerst müssen wir unseren Kindern helfen. Wenn das gelingt, werde ich mein Versprechen halten«, lautete meine Antwort. Das habe ich dann auch getan. Wenn ich nun drei Jahrzehnte zurückblicke, kann ich nur dankbar staunen, was da alles geschehen ist.

Doch zuerst pilgerten wir zu verschiedenen Ärzten und bekamen die Diagnose. Es war eine Allergie gegen die synthetischen Leime und Klebstoffe in den Spanplatten im Haus. Die angebotene Kortisontherapie lehnten wir nach dem Lesen der Nebenwirkungen dankend ab. Aber was sollten wir tun?

Da kam vom Opa der rettende Vorschlag. »Wenn die Kinder von dem Leimzeug krank werden, dann schmeißen wir es eben raus!« Die Ursache beseitigen, das war der beste Vorschlag. Immerhin waren die Kinder vor dem Kontakt mit Leimholz, mit der Chemie im Holz, im alten Forsthaus auch immer pumperlgesund gewesen. Das war im Frühjahr. Als der Sommer anbrach, zog meine Frau mit den drei Kindern in die Berge hinauf. Sie wohnten in einer kleinen, einfachen Almhütte.

Dort oben zwischen reinen, hölzernen Balken waren alle Krankheitssymptome gleich weg. Währenddessen rissen der Opa und ich im Tal unten sämtliche Spanplattenmöbel, die verleimten Böden und jedes verdächtige Leimmaterial aus dem Haus. Nun zeigte sich Opas Holzmeisterschaft.

Wir sägten, klopften und hobelten tagelang. Aus den einfachen Brettern, wie sie aus dem vollen Stamm herausgesägt werden, entstanden bald gezimmerte Böden, Betten und Möbel. Voller Erwartung blickte ich dem Tag entgegen, an dem die Kinder von der Alm herunterkamen.

Wir konnten unser Glück kaum fassen. Es wirkte. Umgeben von reinem Holz blieben die Kinder wieder gesund. Der Opa mit seiner Massivholzkunst hatte unseren Kindern wieder zur Gesundheit verhelfen können. Jetzt war für mich und meine Frau eines klar: Wenn wir uns so gut mit Holz und der richtigen Verarbeitung helfen konnten, dann tut diese Art des gesunden Wohnens sicher allen Menschen gut.

Nach diesen Erfahrungen startete ich meine Kleinstfirma mit zwei Mitarbeitern. Wir hatten keinen Businessplan, keine Ahnung von rechtlichen Dingen, nichts von alledem, was heute einem Unternehmensgründer dringend geraten wird.

Aber ich hatte meine Ausbildung und Erfahrung im Forst sowie im Holzhandel. Vor allem aber hatte ich ein Versprechen abgegeben und den Opa sozusagen als Unternehmensberater. So starteten wir unsere Firma mit dem Motto von Hermann Hesse: »Und jedem Anfang wohnt ein Zauber inne, der uns beschützt und der uns hilft, zu leben.« Es war die Zeit, in der ich mit dem Opa stundenlang meine Fragen und Probleme besprechen konnte. Geduldig breitete er mir seine Erfahrung aus und ich sollte Geschichten und Methoden kennenlernen, von denen ich noch keine Ahnung hatte.

Unser erstes technisches Ziel war klar. Wir mussten Wege finden, wie wir Holz ohne die giftigen Leime, ohne Holzschutzmittel und ohne Lacke an der Oberfläche dauerhaft, schön und leistbar verarbeiten können. Vollholzböden aus den heimischen Bäumen standen am Anfang, es folgten Bauhölzer und immer anspruchsvollere Konstruktionen mit Holz und Glas. Bald entstanden unsere ersten Holzhäuser.

Opas Ratschläge waren in der Tat herausfordernd. Obwohl ich in meiner ganzen Forstausbildung nie etwas davon gehört hatte, drängte er mich, nur mehr Mondholz zu verwenden.

Wie sehr er damit recht behalten sollte, haben wir ja bereits in den ersten Kapiteln gelesen. Dass sein Mondholzwissen Jahre später auch noch an der renommierten ETH Zürich wissenschaftlich bestätigt werden sollte, konnte ich damals nicht ansatzweise erahnen (mehr dazu im Buch »Holzwunder. Die Rückkehr der Bäume in unser Leben«, erschienen 2016 im Servus Verlag).

Als »... dich sah ich wachsen« vor 20 Jahren erstmals erschienen ist, hat es zu einer mehrjährigen, sehr kontroversen Debatte über Mondholz geführt. Schlussendlich hat das Buch wesentlich zu den Züricher Untersuchungen beigetragen.

Ein weiterer Rat unseres Opas war noch schwerer umzusetzen: »Du darfst dein Holz nicht so frisch verarbeiten. Du musst lange Lagerzeiten einhalten. Dabei trocknet es nicht nur. Schnittholz im Lager reift regelrecht!« Das war wieder gegen den Zeitgeist.

Die Holzindustrie hatte gerade Trockenkammern entwickelt, die in kürzester Zeit das Wasser aus dem Zellverband des Holzes ziehen. Zeit ist eben Geld. Wenn heute noch der Vogel am Baum singt und der Stamm morgen oder einige Tage später, bereits verbaut ist, dann erspart man sich Lagerkosten. Für Opas Qualitätsdenken waren solche Methoden allerdings ein Horror.

Es brauchte viele Gespräche und Überzeugungsarbeit bei den Banken, um Finanzierungen für so große Mondholzlager zu bekommen. Langsam lernte ich, so hartnäckig zu bleiben, wie ich es beim Opa jeden Tag erleben konnte. So ist auch dieses Projekt gelungen und mit dem Unternehmen mitgewachsen.

Manche Dinge wurden vom Opa gar nicht erklärt. Er lebte sie einfach vor. Unsere Holz100-Weltpatente fußten natürlich auf seinem Vorbild, alle nötigen Holzverbindungen nicht durch belastende Chemie und Leime, sondern durch uralte, mechanische Verbindungen und Dübel zu erledigen.

Er hatte noch unsere ersten Prototypen der verdübelten Massivholzbauten erlebt. Dass wir allein in den letzten zehn Jahren weit mehr als 1.000 Bauten in über 30 Ländern der Erde mit »seinem« verdübelten Mondholz errichtet haben; dass wir inzwischen Zehngeschosser, innerstädtische Wohnanlagen, energieautarke Häuser ohne Dämmung und Heizung bauen; dass wir sein uraltes Handwerkswissen konsequent beibehalten, aber wo es nötig und sinnvoll ist, mit modernster Roboter- und CNC-Technik arbeiten; dass in meinem Büro zwei große Ordner stehen – mit Dankesschreiben von Menschen, die in diesen Häusern wieder gesund wurden: All das sieht sich der Opa heute aus einer anderen Welt an. Wir spüren immer noch, wie er uns begleitet.

Uraltes Wissen um diesen einzigartigen Stoff Holz, um die Lebewesen Bäume, die unsere Hölzer formen – dieses Wissen ist heute aktueller denn je.

Noch nie war es so drängend geworden, Häuser zu bauen, die keine Energie verbrauchen, weder bei ihrer Herstellung noch im Unterhalt. Noch nie haben wir so intensiv nach Auswegen aus der unheilvollen Wegwerfwirtschaft gesucht. Und mehr denn je benötigen wir die Lebenskraft und Gesundheit der Bäume in unserer Wohnumgebung.

Opas Grundsätze mit dem Roboter gebaut, der in unseren Werken wie alle Maschinen mit Sonnenstrom läuft, das ist die Kombination, die unser Handeln, unsere Arbeit und unsere Wirtschaft wieder enkelkindertauglich macht. Wir wollen Tradition nicht im Museum verstauben lassen, sondern vielmehr als Feuer im Herzen tragen.

Das war in seinem letzten Lebensabschnitt auch die größte Freude meines Lehrmeisters. Er konnte noch sehen, wie wir sein Wissen, seine Vorschläge dankbar angenommen haben. Und wie wir die Maschinen, Mittel und Methoden unserer Zeit hinzufügten, damit daraus ein Nutzen für alle Menschen und für die Natur entsteht.

Zu jeder Zeit der Menschheit, in jeder Kultur, hat es großartige Meister der Handwerkskunst gegeben. Denken wir an die Mönche Asiens, die vor 1.600 Jahren die heute ältesten Holzbauten der Erde errichtet haben. Denken wir an Stradivari und all die unerreichten Meister des Instrumentenbaues, denken wir an die vielen Kulturschätze, die Menschen vor uns geschaffen haben. Wir dürfen all das heute noch genießen. Dieses Buch soll ein kleiner Beitrag sein, der des Opas Meisterschaft für alle intercssierten Menschen zugänglich macht.

Wer in seinem Leben mehr tut, als nur dem oberfläch-lichen Erfolg und dem Geld nachzujagen, der erntet am Ende den größten Lohn.

Auf die Frage, warum er sein Leben lang trotz Krieg und Entbehrungen so unglaublich gesund geblieben ist, antwortete unser Opa immer bescheiden: »Als Kind habe ich eine einfache, aber sehr gute Kost von den eigenen Feldern bekommen und später durfte ich ein Leben lang das tun, was ich wirklich geliebt habe!«

Er sagte nicht dazu, dass er sein Leben lang fürsorglich und hilfsbereit war. Er hat Freude und Nutzen für andere gesät und ein erfülltes, gesundes und langes Leben geerntet.

Nehmen auch wir alle diese Möglichkeiten wahr. Tra-gen wir das Wissen um die Natur und die Botschaft vom guten Leben mit Holz hinaus. Damit säen wir für die Zukunft.

KAPITEL SECHS

UNSERE WÄLDER – UNSERE CHANCE

In diesem Kapitel lesen Sie,

… welche **Alternativen** es zur Erdöl-
und Wegwerfgesellschaft gibt;

… wie der Wald imstande ist, uns mit **Energie** zu
versorgen und unsere **Luft** zu reinigen;

… wie wir uns am Wald ein Beispiel für
geschlossene Energiekreisläufe nehmen können …

… und dringen tief in das **Mysterium Baum** ein.

Technik und Wissenschaft haben uns in den letzten Jahrzehnten Entdeckungen, Fortschritte und Lebensveränderungen gebracht, die sich unsere Vorfahren durch Jahrhunderte hindurch nicht erträumt hätten.

Trotzdem bleiben die Lebensgrundlagen dieser Welt von der Erhaltung unzähliger, genialer, großer und kleiner natürlicher Kreisläufe abhängig. Die Erhaltung des Kreislaufes Baum – Holz – Humus/Asche – Baum ist ein Beispiel, in welche Richtung wir unser Bewusstsein und unsere Lebenseinstellung ändern müssen, wenn wir Wohlergehen, Gesundheit und Glück auf unserer Erde auch unseren Kindern und Enkelkindern erhalten möchten.

Mobilität und Reisen

Wir Menschen des 21. Jahrhunderts freuen uns über grenzenlose Mobilität. Wir rasen für einige Tage Entspannung von einem Kontinent zum anderen. Kartoffeln werden zum Waschen per LKW hunderte Kilometer quer durch Europa gefahren und zur Verarbeitung wieder zurückgeliefert. Wir transportieren Baumstämme von Russland nach Deutschland und Österreich und von Mitteleuropa nach Japan, um am Zielort Bretter zu erzeugen.

In Statistiken zeichnen wir die jährliche Zunahme von Verkehrsbelastung, Abgasen, Verkehrstoten und Landverbrauch durch Straßenverkehr auf. Wir »büßen« für diese Mobilität allein schon dadurch, dass wir genussvolles und intensives Reisen gar nicht mehr kennen.

Bedeutet größere Mobilität wirklich höhere Lebensqualität? Ist es zeitgemäß, dass wir vordringlich in eine automobile Zukunft und in das Wachstum des Flugverkehrs investieren? Strukturen der nahen Versorgung bedeuten mehr als nur sinkende Verkehrsbelastung und weniger Schadstoffe.

Beim Schreiben dieser Zeilen erinnere ich mich an unsere Maturareise. Auf einem aus runden Stämmen gezimmerten Floß fuhren wir tagelang durch ganz Österreich die Donau hinab. Seit dieser Reise mit ihren langsamen Bildern von vorbeischwimmenden Ufern trage ich ein unauslöschbares Bild der einmaligen Flusslandschaft in mir.

Ebenso schaue ich in unseren Wintergarten und erinnere mich an die Bäume, die ich im heimatlichen Bergwald für ihn ausgesucht habe. Auch an die mächtigen Eschen, Fichten und Eichen für die Fußböden im Haus erinnere ich mich. Ich denke an den Bauern, der unsere Zirbenholztruhe immer mit biologisch angebautem Getreide füllt, an Milch und Butter vom Nachbarn, die niemals mit einem LKW herumgefahren wurden, an das Joghurt, das meine Frau selbst zubereitet, an die Dämmstoffe und Leinengewebe von unseren heimischen Flachsbauern.

Müll – ein unbekanntes Wort

Wie berichtet, hatte der Opa das Haus für seine Familie selbst gebaut. Dazu wurden die Bäume im heimatlichen Wald geerntet und bis zum letzten Fenster und Sessel selbst verarbeitet. Die Behaglichkeit und der Geist des kleinen Holzhauses haben uns immer wieder eingefangen,

wenn wir mit unseren Kindern die »Urlioma und den Ur-
liopa« besuchten. Opas Erzählungen aus seinem reichen
Erfahrungsschatz brachten die Ohren seiner Zuhörer zum
Glühen. Manchmal tauchten dabei Vergleiche mit der
heutigen Arbeitswelt auf. Einige Gedanken aus solchen
Gesprächen:

Heute, 75 Jahre, nachdem unser Opa sein Holzhaus
gebaut und eingerichtet hat, wird beim Bau eines Hauses
gleicher Größe, abhängig vom Baustoff, 5 bis 130 Mal so
viel Energie verbraucht wie damals.

Energieverbrauch als Maßstab von Fehlentwicklung:[21]

1 Amerikaner   ▭   (USA) verbraucht durch-
schnittlich gleichviel
Energie wie:

2 Deutsche   ▭ ▭

3 Österreicher oder
3 Schweizer   ▭ ▭ ▭

60 Inder

▭ ▭
▭ ▭
▭ ▭ ▭ ▭ ▭ ▭ ▭ ▭ ▭ ▭ ▭ ▭ ▭ ▭ ▭ ▭

---

[21] Mitteilung der Umwelt- und Energieberatung der Salzburger
Landesregierung (Stand: 1995)

160 Tansanier

1.100 Ruander

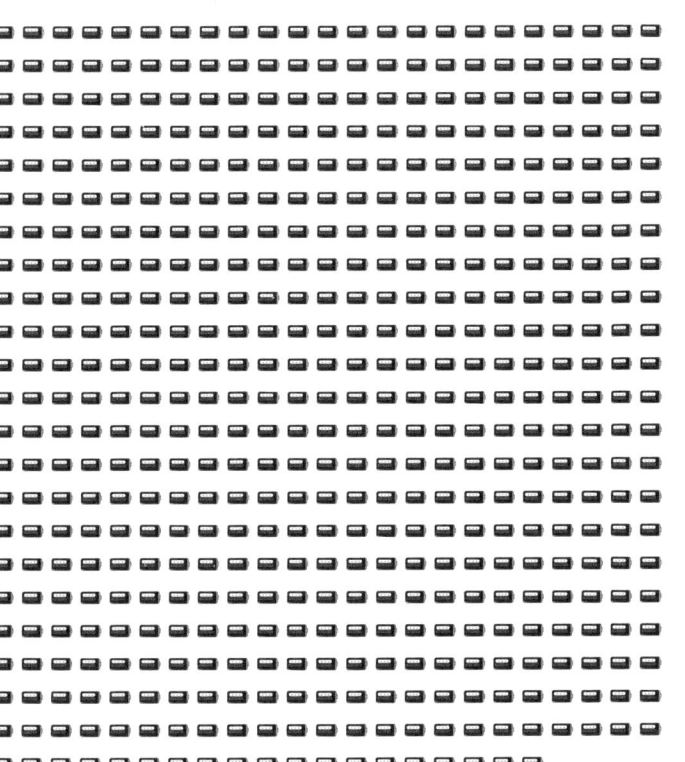

Das Kuriose an dem Vergleich ist, dass moderne Häuser trotzdem nicht besser, behaglicher, gesünder oder langlebiger sind. Eher das Gegenteil ist der Fall. In Opas Holzhaus gibt es behagliche Wärme und Geborgenheit, aber keine Schimmelpilze oder giftige Dämpfe durch »moderne« Baustoffe. In dem Haus lebt heute bereits die vierte Generation. Und immer noch ist es ein wertvoller Ort des Lebens.

Der Grundsatz zu Opas Zeit hieß: »Sich mit allem aus nächster Nähe zu versorgen.« Das galt nicht nur für die

Entscheidung, Holz als Baustoff zu verwenden. Auch die Bekleidung wurde aus heimischer Schafwolle und Leinen hergestellt. Lebensmitteltransporte von weit her waren unbekannt! Bevor aber das Urteil »Das war halt eine bitterarme Zeit« gesprochen wird, sollten wir uns noch einen zweiten Grundsatz dieser Menschen ansehen und überlegen, welche Bedeutung das für unsere moderne Gesellschaft hätte: Die Worte Müll, Schrott oder Schutt waren für Oma und Opa unbekannt! Unbrauchbar werden gab es nicht. Es musste nur für alles und jeden der richtige Platz gefunden werden. Dass dieser Platz von Zeit zu Zeit geändert wurde, war klar. Nichts kann ewig dienen. Aber danach kam immer noch etwas. Einen Müllplatz im Dorf? Da schüttelte der Opa seinen Kopf. Das konnte er sich nicht vorstellen. Diesen »Fortschritt« lernte er erst später kennen.

Opa erzählte: »Die rupferne Pfoad[22] haben wir immer angehabt! Auch bei der größten Hitze ist mit der Pfoad gearbeitet worden. Wir haben aber auch nie einen Hexenschuss oder Kreuzweh gehabt, obwohl die Arbeit viel schwerer als heute war.«

Ein kaputtes Leinenhemd wurde geflickt und ausgenäht, und zwar so lange, bis es wirklich nicht mehr zu reparieren war. Danach war dieser treue Diener noch lange kein Müll. Sauber gewaschen, diente es künftig als Putztuch im Haushalt. Aber auch wenn hier die Auflösungserscheinungen zu groß wurden, kam kein Müllschlucker, in dem Unbrauchbares verschwindet. Vom Flachsfeld war

---

[22]   Hemd aus handgewobenem Leinen

das Hemd gekommen, also kehrte es mit größter Selbstverständlichkeit über den Umweg Komposthaufen wieder dorthin zurück. Es sollten ja wieder Leinenhemden wachsen, neue und schöne, für den Sonntag und für die kleinen Kinder, die im Dorf geboren wurden …

Das Beispiel des Leinenhemdes könnte auf alle Gebrauchsgegenstände der damaligen Zeit übertragen werden. Ist diese Haltung aus Opas Zeit wirklich so antiquiert? Welchen Lohn könnten wir heute von einem Weg erwarten, der wieder in diese Richtung führt?

Erdöl- und Wegwerfgesellschaft

Hand aufs Herz: Wer hat sich noch nicht blenden lassen von der glitzernden Konsumwelt, den scheinbar grenzenlosen Einkaufsmöglichkeiten unserer Wohlstandsgesellschaft? Wir freuen uns, dass wir alle paar Jahre einen Tapetenwechsel vornehmen und neue Möbel, Fußböden und viele andere Gebrauchsgegenstände anschaffen können. Wo aber landen die alten?

Das neue Konsumgefühl ist erst durch den »Rohstoffwechsel« vieler Güter möglich geworden. Denn mit traditionellen, natürlichen Rohstoffen wie Holz, Stein und Pflanzenfasern würde die Wegwerfgesellschaft nicht so gut funktionieren. Riesiger Werbeaufwand sorgt heute dafür, dass durch Kunststoffe und Verbundstoffe, durch Cocktails verschiedenster, undurchschaubarer Mischungen die altbekannten, natürlichen Rohmaterialien ersetzt werden. Diese neuen Rohmaterialien werden zum größten Teil synthetisch aus Erdöl hergestellt. Kunststoffe, Farben, synthetische Bekleidung, Beschichtungen … die Liste der Erdölprodukte ist lang. Ähnlich lang ist die Liste schädlicher Neben- und Abfallprodukte, die auf dem langen Weg der chemischen Synthesen vom Erdöl bis zum fertigen Petrochemieprodukt anfallen. Ständig entstehen in Labors neue Molekülstrukturen, die es zuvor auf der Erde nicht gegeben hat. Moleküle, von denen niemand weiß, wie Mensch, Tier und Pflanzen damit zurechtkommen.

Sogar Holz ist auf den zweiten Blick oft nicht mehr Holz, sondern eine Mixtur aus Holzspänen, Lamellen oder Brettern sowie bedenklichen Leimen, Farben und Beschichtungen.

Allergien, gesundheitliche Störungen von der Atemnot bis zur Schädigung der Erbinformation gehören genauso zu der Welt, in die unsere Kinder hineinwachsen, wie Sondermülldeponien, von denen niemand weiß, was mit den dort gelagerten Stoffen jemals geschehen soll.

Beim Schreiben dieser Zeilen sitze ich auf einem Stuhl, den unser Opa mit seinen Händen und einfachem Werkzeug angefertigt hat. Diese Werte, die er geschaffen hat, bereichern heute noch das Leben seiner Urenkel. Ich blicke auf die Fußböden aus Hartholz und freue mich über den Gedanken, dass unseren Kindern und Enkelkindern diese Böden so erhalten bleiben, wie sie von meiner Frau und mir benutzt werden. Ich denke an unsere Holzhäuser, die von Handwerkern gebaut und für Jahrhunderte ausgelegt sind. Schöpferische, handwerkliche, dauerhaft hergestellte Produkte schenken viel eher wirkliche Lebensfreude als naturfremde Wegwerfartikel.

Meine Kindheit in den 1960er-Jahren war noch geprägt vom grenzenlosen Vertrauen in Technik und Wissenschaft. Die Produkte der aufblühenden Wirtschaft wurden meist vorbehaltlos aufgenommen. Aber die Ernüchterung folgte relativ schnell auf den Fuß. Spektakuläre Chemie- und Giftgasunfälle, die Katastrophe des Atomreaktors in Tschernobyl, Vergiftungen von Erwachsenen und Kindern durch Holzschutzmittel haben das Vertrauen in Wissenschaft und Technik erschüttert. Klimaveränderungen, Megastaus im Straßenverkehr, bisher unbekannte Krankheiten und Allergien zeigen uns die Grenzen des Wachstums.

Einer Gesellschaft, in der viele von Menschen erzeugte Dinge schon nach kurzer Zeit weggeworfen werden, droht, dass eines Tages auch die Freude an der Arbeit und am Leben weggeworfen und alte Menschen und ihr Wissen abgeschoben und für unnütz erklärt werden!

Eine wunderbare Aufgabe für unsere Generation ist es daher, unsere Betriebe so umzubauen, dass sie wieder den Menschen und der Natur dienen. Am Ende sollen wir mit Freude und Stolz auf unsere Arbeit schauen können.

Dazu eine Begebenheit: Unsere Großeltern waren zu Besuch bei uns. Der Opa hat mir geholfen, eine kleine Holzterrasse zu verlegen. Die Oma saß auf der Gartenbank und sah uns bei der Arbeit zu. Als sich der Opa für eine kurze Rast zu seiner Frau auf die Gartenbank setzte, sagte sie: »Wie schön ist doch das Zuschauen!« – »Ja, ja«, schmunzelte der Opa, »wie schön muss erst das Arbeiten selbst sein!« Er drückte noch einmal liebevoll ihre Hand, stand auf und werkelte mit mir weiter.

Ich wünsche uns allen, dass auch wir diese Freude an unserer Arbeit erreichen und uns wie unser Opa bis ins hohe Alter bewahren. Der sorgfältige und begeisterte Umgang mit den kostbaren Materialien, die uns die Natur schenkt, ist der erste Schritt in diese Richtung.

Alte Menschen waren und sind es immer wieder, die uns und unseren Kindern die Augen für neue Welten öffnen. Eine solche neue Sicht der Welt erlebte ich zum ersten Mal von meinen Holzstelzen aus, die mir mein Opa baute. Der alte Nachbar des Elternhauses fällt mir ein, der in der schweren Zeit nach dem viel zu frühen Tod meines Vaters uns Buben immer mit Rat und Tat hilfreich zur Seite stand. An den alten Wildmeister Fritz Löffler denke ich, der mir als jungem Förster die Geheimnisse des Bergrevieres im Karwendel anvertraute. An unsere Großmutter denke ich, die meine Frau und mich als junges Ehepaar immer bestärkt hatte, den eingeschlagenen Weg fortzusetzen, sich selbst nicht gar so wichtig zu nehmen und mit ihrer eigenen 60 Jahre langen und glücklichen Ehe das beste Beispiel vorlebte.

Wir freuten uns darüber, wie unsere Kinder in der Liebe ihrer beiden Omas und ihres Opas aufgingen. Wenn die »Brucker Nonna« mit Händen und Füßen eine Geschichte erzählt, kommt keiner ihrer kindlichen Zuhörer auf die Idee, den Fernsehapparat einzuschalten: »Unsere Nonna ist super!«

Das sind Schätze, die wir im Alltag genießen können und die uns davor bewahren, unser Glück in der Scheinwelt der Wegwerfgesellschaft zu suchen.

Energiekreisläufe

Wir kehren der Sonne den Rücken zu
und schlagen Kohle aus den Bergen.

Wir kehren der Sonne den Rücken zu
und bohren nach Öl.

Wir kehren der Sonne den Rücken zu
und spalten Atome.

Wann drehen wir uns um?

Fritz Gillinger

Mit Sonnenenergie im engen Sinn, das heißt Sonnenenergie, die direkt durch Kollektoren genutzt wird, könnten wir inzwischen bis zu 100 % des Energiebedarfs für Heizungen und Warmwasser in unseren Wohnungen decken. Mit Sonnenenergie im weiteren Sinn, hier sind alle von der Natur gespeicherten Formen der Sonnenkraft wie etwa Holz, Wasserkraft und Wind einbezogen, könnten wir mittelfristig einen großen Teil unseres Gesamtenergiebedarfs und langfristig den größten Teil abdecken. Aber die europäische Energieversorgung ist nach wie vor überwiegend auf nicht erneuerbare Energieträger wie Erdöl, Gas und Kohle aufgebaut.

Unsere Erde wurde vor Jahrmillionen erst dadurch bewohnbar, dass Kohlenstoff aus der Atmosphäre in Form von Kohle, Erdöl und Gas gebunden wurde. Durch unsere moderne Energieversorgung mit fossilen Brennstoffen haben wir diesen Vorgang umgekehrt. Eine Umkehrung, die wieder zur unbewohnbaren Erde führt, wenn wir nicht innehalten.

Doch die Natur streckt uns die Hand entgegen: Ergreifen wir sie! Täglich laufen vor unseren Augen natürliche Energiekreisläufe ab, die an einem einzigen Tag ein Vielfaches jener Energiemenge beinhalten, die von der Menschheit in einem ganzen Jahr verbraucht wird.

Täglich wachsen in den Wäldern unserer Erde Millionen Festmeter Holz nach. Allein im winzigen Land Österreich wächst in jeder Sekunde ein Kubikmeter Holz. Das ist ein Würfel, ein Meter lang, ein Meter breit und ein Meter hoch – pures Holz.

Täglich werden durch die Kraft der Sonne unvorstellbare Mengen von Wasser aus den Ozeanen in die Atmosphäre gehoben, um als Regen, Bäche und Flüsse schließlich wieder die Meere zu erreichen.

In einer Sekunde wächst in Österreich
ein Kubikmeter Holz nach.

Täglich verursacht die Sonne Luftbewegungen, Winde und Stürme, die alle Maschinen dieser Welt antreiben könnten. Täglich geht die Sonne auf …

Wann erkennen wir diese Wunder? Wann erkennen wir, dass unser Energiebedarf angesichts solcher natürlicher Vorgänge winzig ist? Er ist winzig, wenn wir es verstehen, uns in die großen, natürlichen Energieströme einzufügen. Aber dieser Energiebedarf ist riesig genug, das natürliche Gleichgewicht unserer Erde zu zerstören, wenn wir meinen, wir könnten ihn weiterhin hauptsächlich durch Erdöl, Gas, Kohle und Atomenergie decken.

Bis Bäume ihren natürlichen Lebensweg vom Keimling bis zum alten, zusammenbrechenden Baumriesen gegangen sind, haben sie jahrzehntelange Rangordnungskämpfe um die soziale Stellung im Waldgefüge untereinander ausgefochten. Tiere und die gesamte Lebensgemeinschaft Wald bekamen Schutz und Nahrung und auch die eigene Lebensgrundlage des Baumes, der Waldboden, wurde mit Laub- oder Nadelstreu versorgt, damit für die nächste Generation genug Humus vorhanden ist. Schlussendlich haben die Bäume auch ihre Fortpflanzungsaufgaben erfüllt und gehen den Weg, auf dem sie gekommen sind. Alte Baumriesen brechen zusammen, werden wieder zu Erde, zum Nährstoff für junge Bäume und leben in diesen weiter.

Bei dieser Umwandlung der Lebensform Baum zur Lebensform Humus ist alles im natürlichen Gleichgewicht. Im perfekten Kreislauf werden das beim Wachsen aufgenommene Kohlendioxid (CO_2) und die Sonnenenergie bei der Verrottung des Holzes nun wieder dorthin zurückgegeben, wo sie entnommen wurden – an die Atmosphäre.

Sagen wir Ja zu diesem kostbaren Geschenk und nehmen wir den Weg der Natur an. Erhalten wir dieses Geschenk, damit unsere Kinder es so vorfinden wie wir. Erhalten heißt: lieben, achten und annehmen. Dieses Geschenk anzunehmen heißt, unsere Wälder liebevoll und mit Sorgfalt zu nutzen.

Täglich geht die Sonne auf. Ihnen, liebe Leserinnen und Leser, und all unseren Kindern wünsche ich eine neue Zeit von Sonnenhäusern, eine neue Generation von Holz- und Naturstoffverwendern, die von der Spielzeug kaufenden Mutter und vom »kleinen Häuslbauer« ausgeht und schließlich die Verantwortlichen in Wirtschaft und Politik erreicht. Ich wünsche uns allen, dass sich unsere Gesellschaft in die großen, natürlichen Energieströme einfügt und die Geschenke der Schöpfung erkennt.

Liefere Energie – reinige eure Luft

Wie wir bereits feststellten, ist die europäische Energieversorgung zum großen Teil auf nicht erneuerbare Energieträger wie Erdöl, Gas und Kohle aufgebaut. Dieses Energiesystem hat einen entscheidenden Nachteil: Es bedroht unsere Umwelt und Gesundheit! Bei der Verbrennung von einer Tonne Öl entstehen 2,8 Tonnen CO_2, die als gasförmiger Abfall in die Luft entweichen. Die intensive Verbrennung von Öl, Gas und Kohle verursacht daher den Anstieg von CO_2 in der Atmosphäre mit allen bekannten damit verbundenen Risiken (Erwärmung der Atmosphäre ...). Ist das eine Folge der modernen Wohlstandsgesellschaft, die wir unausweichlich hinnehmen müssen, oder gibt es sinnvolle Alternativen? Unsere Wälder können auch auf die Energiefrage eine Antwort geben. Keine Pipelines, keine Bohrinseln und keine Reaktoren sind dafür notwendig. Holz könnte Unmengen an sauberer Energie liefern.

Denn bei der richtigen Verbrennung von Holz entsteht kein Gramm CO_2 mehr, als dieses Holz während seines Wachstums aus der Atmosphäre entnommen hat. Ein perfekt geschlossener Kreislauf, der die CO_2-Bilanz unserer Umwelt nicht belastet.

Darüber hinaus bietet Holz die Möglichkeit, bereits angehäufte CO_2-Überschüsse in der Lufthülle unserer Erde abzubauen.

Der Wald holt CO_2 aus der Luft und verwendet es beim Baumwachstum als Baustein für das Holz. Bauen wir daraus langlebige Produkte wie Möbel oder Häuser, bleibt CO_2 in Form von ca. 250 kg Kohlenstoff je Kubikmeter Holz gebunden. Eine Familie, die sich zum Bau eines Holzhauses entscheidet, holt ca. 20.000 kg Kohlenstoff aus der Luft.

Holz zu verarbeiten bedeutet: der Atmosphäre CO_2 zu entziehen und unschädlich als Kohlenstoff im Holz zu lagern.

Gereinigte Luft für uns und unsere Kinder ist der Lohn, den wir erhalten, wenn wir die Bäume aus unseren Wäldern annehmen und als Häuser, Möbel, Böden und Spielzeug in unser Leben einbeziehen.

Verbrennen wir Erdöl, Erdgas oder Kohle, so werden dabei grundsätzlich auch eingelagerte Energien der Sonne freigesetzt. Auch diese fossilen Brennstoffe sind aus Pflanzen und organischen Stoffen entstanden. Der wesentliche Unterschied zur Holzverbrennung liegt aber einerseits in luftverschmutzenden Emissionen wie Schwefel- und Stickoxidverbindungen, wie sie etwa bei der Ölverbrennung frei werden. Andererseits darin, dass wir bei der Verbrennung fossiler Energien ganz andere Zeiträume überbrücken als bei der Holzverbrennung. Die Energie von Erdöl, Kohle und Gas wurde nicht wie das Wachstum eines Baumes in Jahrzehnten oder Jahrhunderten gebildet, sondern in Jahrmillionen.

Wenn wir Energie, die in Jahrmillionen gespeichert wurde, in den erdgeschichtlichen Sekundenbruchteilen einiger weniger Menschengenerationen verbrauchen, ergeht es uns wie Goethes Zauberlehrling: Wir setzen etwas in Gang, das wir nicht mehr kontrollieren können.

Die Atmosphäre reagiert auf die rasante Beschleunigung eines an sich langsamen Kreislaufes mit Klimaveränderungen, Ozonloch, globalem Temperaturanstieg, Waldsterben ...

Treibhausgase:

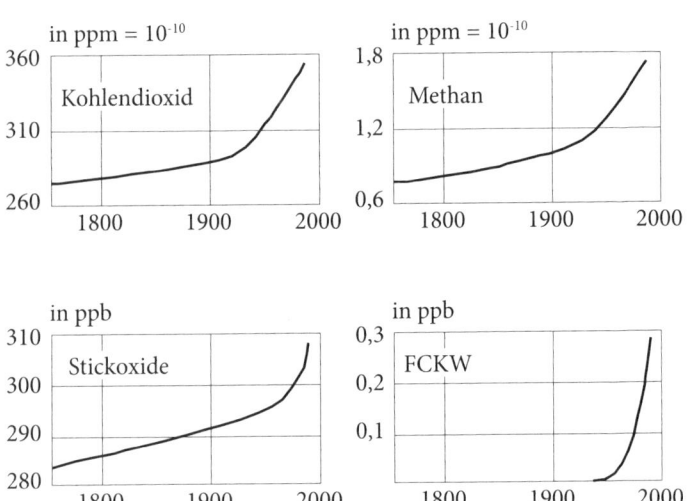

Treibhausgase, welche die Wärmeabstrahlung der Erde ins All behindern, sind in erster Linie Kohlendioxid, Methan, Stickoxide und Fluorchlorkohlenwasserstoffe (FCKW). Sie tragen zur Erhöhung der Temperatur auf der Erde bei. Die Konzentration dieser Gase in der Atmosphäre (mit Ausnahme der FCKW, die erst seit Jahrzehnten in Gebrauch sind) ist seit 1800 ständig gestiegen.

(Quellen: World Meteorological Organization) Angabe in Raumanteilen (ppm = 10–6, ppb = 10–9).

Steigende Durchschnittstemperatur:
Temperaturdifferenz in °C zum Durchschnitt
1880–2015

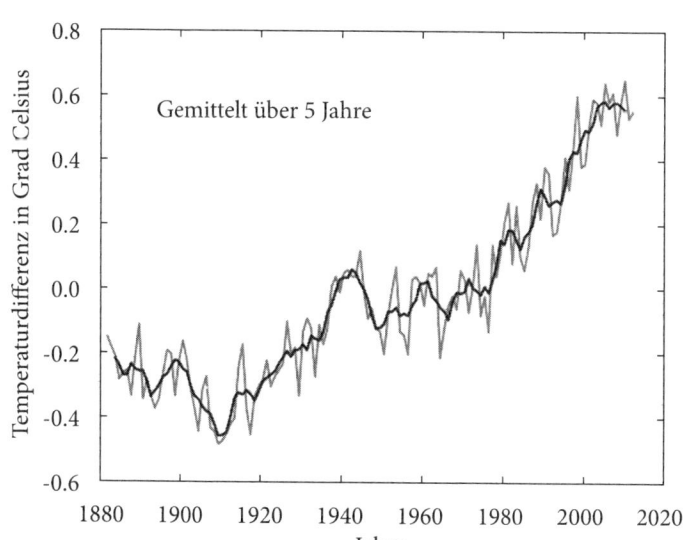

Keinem Zweifel unterliegt auch die Tatsache, dass seit 1880 die globalen mittleren Temperaturen gestiegen sind. Die wärmsten Jahre wurden nach 1980 registriert (Quelle: Sci-Logs, Spektrum der Wissenschaft Verlagsgesellschaft mbH, Stand: Dezember 2015).

Wenn wir weiterhin den Erdöl-, Gas- und Kohlekreislauf in erdgeschichtlichen Sekundenbruchteilen ablaufen lassen, indem wir diese Bodenschätze plündern, ist die Frage zweitrangig, ob das Ozonloch zur globalen Erwärmung oder zur nächsten Eiszeit führt.

Ob wir auf unserem Planeten verdursten, durch schädliche, ungefilterte Strahlungen verbrennen oder ob wir erfrieren und verhungern oder ob uns die Meere durch das abschmelzende Eis überfluten, sind verschiedene mögliche, apokalyptische Szenarien. Umwelt- und Klimaschäden, die durch unseren Energieverbrauch entstehen, könnten vermieden werden, wenn wir die Energie, die wir für unser Leben und unsere Zivilisation benötigen, mit natürlichen Kreisläufen in Einklang bringen.

Wir müssen endlich das Angebot erkennen, das uns die Natur durch Wälder und Bäume sowie durch erneuerbare Energiequellen täglich macht.

In diesem Buch wird gezeigt, wie es möglich ist, Holz so zu verarbeiten, dass es uns nach Gebrauch als Baumaterial, Möbel oder Werkzeug noch als unbedenklicher Brennstoff dient, der uns seine gespeicherte Sonnenenergie gibt, bevor er wieder zu Asche und Humus wird.

Liebe Leserin, lieber Leser, bitte legen Sie das Buch für einen Moment weg, machen Sie es sich bequem und schließen Sie Ihre Augen. Erinnern Sie sich an Ihren letzten Waldspaziergang? Können Sie die frische, würzige und gesunde Waldluft spüren? Ist das nicht ein Geschenk des Himmels, der Wald als luftreinigendes Solarkraftwerk, das ohne unsere Mühe tagaus, tagein kostenlos für uns diesen Dienst versieht?

Ein Geschenk, das die Natur jederzeit bereithält. Es gibt keinen einzigen Tag im Jahr, an dem das Kraftwerk Wald nicht für uns arbeitet.

Eine wichtige Voraussetzung, damit wir diesen wunderbaren Kreislauf nutzen und erhalten können, müssen wir allerdings erfüllen: Alles Holz, das wir der Natur entnehmen, sollen wir in ihren Kreislauf zurückgeben. Das heißt:

- Holz nur mit Mitteln behandeln, die in der Natur vorkommen, damit es den Rückweg dorthin auf natürliche Weise, etwa durch Kompostierung, wieder findet.
- Keine synthetisch-chemischen Holzschutzmittel, Lacke und Leime an und in das Holz, die nicht kompostierbar sind, und die sich bei der Verbrennung und in Gewässern nicht neutral verhalten!
- Keine Stoffe an und in das Holz, die in Labors entstanden sind und die es in der Natur nicht gibt!

Werden diese Grundregeln nicht eingehalten, endet der Kreislauf des Holzes in der »Sackgasse Sondermüll«.

Am Beispiel unserer mitteleuropäischen Länder zeigt sich: Sämtliche Baustoffe und Energien, die wir für unser Leben benötigen, könnten wir aus Quellen beziehen, die unsere Umwelt nicht belasten.[23] Jeder Bauherr kann allein durch die Wahl der Baustoffe eine riesige Energiemenge einsparen oder aber unnötig verbrauchen. So entscheidet etwa die Wahl eines Holzfensters darüber, dass nur der 126. Teil jener Energiemenge verbraucht wird, die für ein Aluminiumfenster erforderlich wäre. Oder umgekehrt: Mit demselben Energieaufwand, der zur Ausstattung eines Hauses mit Aluminiumfenstern erforderlich ist, können Holzfenster für 126 Häuser hergestellt werden!

---

[23] vergleiche dazu Hans Kronberger und Hans Nagler: Der sanfte Weg, Uranus Verlag, Wien

Haben Sie gewusst,
… wie sich die benötigte Energie zur Herstellung gleichwertiger Güter im Mengenverhältnis zueinander verhält?

Z. B. Fenster, Türen, Böden, Hausbau, Möbel etc.

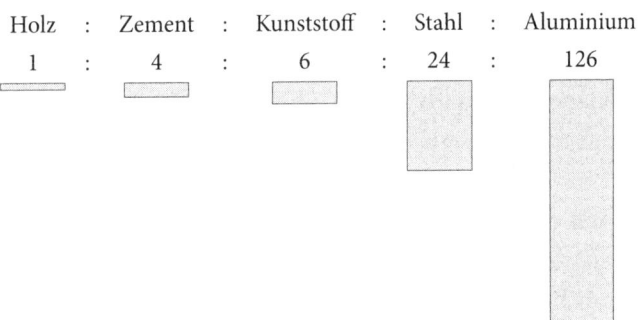

Holz	:	Zement	:	Kunststoff	:	Stahl	:	Aluminium
1	:	4	:	6	:	24	:	126

Die Energiemenge zur Erzeugung eines Alufensters reicht für 126 Holzfenster!
Energieverbrauch = Umweltbelastung
Quelle: TU München, Bayerischer Holzwirtschaftsrat, Bayerisches Staatsministerium für Landwirtschaft und Forsten, Bundesumweltministerium, Bonn (Stand: 1995)

Dieses vergleichende Beispiel lässt sich auf alle möglichen Baustoffe umlegen. Denken Sie an Fußböden (Holz oder Kunststoff), Dämmstoffe (nachwachsende Rohstoffe oder Styropor etc.), Türen, Treppen, Möbel und vieles mehr. Holz braucht kein Kraftwerk, keine Fabrikshalle und keinen Schornstein für seine Produktion. Holz zu verwenden heißt, Energie zu sparen und die Umwelt zu schonen.

Die Wälder mit dem natürlichen Rohstoff Holz, den wir sinnvoll nutzen sollen und von dem wir genug haben, gehören zu den ergiebigsten Energiequellen, die uns zur Verfügung stehen.

Würden wir in Mitteleuropa Holz tatsächlich überall dort einsetzen, wo man es verwenden kann – als Baustoff für unsere Häuser vom Fußboden bis zum Dach, für den Möbelbau, als Wärmequelle aus Blockheizkraftwerken, für die Papiererzeugung –, so könnten wir die Holzmenge, die jährlich in unseren Wäldern nachwächst, trotzdem nicht verbrauchen.

Immer noch würde ein Teil der Bäume in den Wäldern zu Humus werden, ohne dass sie vorher den Menschen Schutz oder Wärme gegeben hätten.

Gemäß Statistiken der Forstinventur werden in Deutschland und Österreich nur ungefähr zwei Drittel der Holzmenge geerntet, die jährlich nachwächst. Und diesen Teil nutzen wir schlecht, weil ein Großteil des »modern« verarbeiteten Holzes aufgrund der Behandlung mit giftigen Holzschutzmitteln, Lacken und Leimen den ökologiegerechten Weg zurück in die Natur nicht antreten kann.

Eine riesige Energiequelle, das Sonnenkraftwerk Wald, ist zu einem großen Teil immer noch ungenutzt! Wir müssen das genial einfache Prinzip des Energiekreislaufes unserer Wälder erkennen und unseren Umgang mit Energie in diesen geschlossenen Kreislauf integrieren, dann können wir natürliche Energiequellen nutzen, die uns über die risikoreiche Atomstromerzeugung und die umweltbelastende Verbrennung von Erdöl, Gas und Kohle den Kopf schütteln lassen.

Das Holz unserer Wälder ist der größte, sich selbst erneuernde Speicher von CO_2 und Sonnenenergie. Ein

Kraftwerk mit dem Nebenprodukt Sauerstoff und gereinigter Luft für uns Menschen.

Im Wald ernten?

Denken Sie daran, dass jeder Baum ein wunderbares Lebewesen ist, das Himmel und Erde verbindet. Die Gemeinschaft all dieser Lebewesen und aller anderen Pflanzen und Tiere, die im Schutz der Baumkronen leben – das ist unser Wald. Wann geht es einem Lebewesen gut? Wann geht es Ihnen gut? Wann geht es Ihren Kindern gut? Was ist die Grundlage Ihrer Gesundheit und Ihres Gücks? – Wenn Sie geliebt werden und wenn Sie Ihre Liebe weitergeben können.

Um wieder ins Reich der Pflanzen zurückzukommen: Bekanntlich haben immer jene Menschen die schönsten Blumen, die mit ihnen sprechen, sie berühren, sie gern haben.

Warum legen wir dies nicht auf unsere Wälder um? Lieben wir unseren Wald. Wenn wir unseren Wald lieben, wird es uns auch persönlich besser gehen.

Wie soll das aber im täglichen Leben aussehen, den Wald zu lieben? Etwas zu lieben heißt immer, das Geliebte unverrückbar in sein Leben einzubeziehen. Der Mensch oder das Objekt unserer Liebe darf niemals aus unserem Leben verbannt werden. Aber genau daran ist unser Wald in Wirklichkeit erkrankt. Luftverschmutzung und Borkenkäfer sind lediglich Folgeerscheinungen, die etwas nachvollziehen, das schon vorher in den Herzen der Menschen geschehen ist.

Denken Sie an die großen Bisonherden in der nordamerikanischen Prärie. Solange die dort ansässigen Indianerstämme ihre Bisons geliebt, geachtet und respektvoll genutzt haben, ging es den Bisons und den Indianern gut. Ein Gleichgewicht konnte sich durch Jahrhunderte erhalten. Das Fleisch der Bisons ernährte die Indianer, die Häute gaben ein Dach über dem Kopf. Mit den weißen Siedlern kamen Menschen, die eine andere Lebensgrundlage hatten und die die Bisonherden nicht mit dem Herz der Indianer verstehen konnten. Nachdem die Bisons in den Herzen der immer stärker dominierenden weißen Bevölkerung keinen Platz hatten, war der Schritt zur Ausrottung nur mehr ein kleiner.

Die Gefahr, aus unserem Herzen zu verschwinden, bedroht auch unsere Wälder. Wer glaubt, die Bäume nicht mehr zu brauchen, kümmert sich nicht mehr um sie. Sich nicht mehr zu kümmern heißt, nicht mehr zu lieben.

Gefährlich für unseren Wald wird es dann, wenn unsere Kinder nicht mehr in Holzhäusern oder mit Möbeln aus Holz aufwachsen. Wenn sie den Zauber der Maserung auf Holzfußböden, Spielsachen, Musikinstrumenten und Kunstgegenständen nicht mehr kennenlernen können. Mädchen und Buben, die eine ganze Kindheit lang Plastik anstelle von warmen Holzoberflächen »begreifen«, Kinder, die Betonpfeiler und Eisentraversen anstelle von fantasievoll gemaserten Holzbalken in ihr Herz schließen müssen, werden es später schwer haben, einen freundschaftlichen Zugang zu Bäumen, Wäldern und ihren Geheimnissen zu finden. Erinnern Sie sich noch an einen Holzgegenstand, den Sie in Ihrer Kindheit oft berührt haben? Erinnern Sie sich noch an die Fußbodenbretter oder Möbel im Schlafzimmer, die Sie jeden Tag beim Einschlafen vor Augen hatten und in deren Ästen und Maserung Sie Gesichter, Tiere und andere Fantasiegestalten erblickten?

Unbewusst erleben wir auf diese Weise jeden Tag das Umgebensein von der großen Natur. Können wir darauf verzichten?

Gefährlich für unseren Wald wird es dann, wenn wir das Holz seiner Bäume nur mehr als billigen Rohstoff sehen und nicht mehr als Geschenk des Himmels.

Gefährlich für unseren Wald wird es dann, wenn wir aus Profitgier große Flächen kahlschlagen, anstatt reife Bäume dort zu ernten, wo die jungen Pflanzen bereits auf Licht und ihre Lebenschance warten.

Gefährlich für unseren Wald wird es dann, wenn Holzverarbeitungsindustrien Holz mit chemischen Mitteln in Sondermüll verwandeln und den Weg der Bäume zurück zum Humus verhindern.

Doch wir können diese Bedrohungen auch als Wegweiser deuten. Als Wegweiser in eine andere Richtung: Nutzen wir Bäume und Holz mit Freude und Respekt und schließen wir sie in unser Leben ein. Dann wird es unserer Gesellschaft leichter fallen, für gesunde Lebensbedingungen der Wälder zu sorgen. Sinnvolle Holzverwendung bedeutet auch enorme Energieeinsparung und saubere Luft.

An dieser Stelle darf auch einmal eine Lanze für die Waldbauern und Förster Europas gebrochen werden. Schon lange sind die Zeiten vorbei, in denen Monokulturen gepflanzt werden. So etwas findet man heute in unseren Wäldern Gott sei Dank nur mehr als seltene Ausnahmen. Von der Forstuniversität bis zum kleinen

Waldbauern hat sich hier ein sehr natur- und ökologieorientiertes Denken und Handeln durchgesetzt. Die Begründung standortgerechter Mischwälder finden wir heute in unseren Wäldern. Danke an all diese Waldleute!

Am besten wird der Wald behandelt, wenn Holz im Leben der Menschen eine wichtige Rolle spielt. Wenn es Handwerker gibt, die mit Holz umgehen können, und wenn die Menschen das Geschenk Wald und Holz entgegennehmen.

Den Wald zu schützen heißt, die Geschenke des Waldes anzunehmen und sinnvoll zu nutzen.

Mysterium Baum

Herrlich ist so ein Leben mit schönen Häusern, Möbeln und Fußböden – aus Holz. Aber dazu muss man doch wunderbare, lebende Geschöpfe – die Bäume – umschneiden. Darf man das?

Wann beginnt dieses Leben? Wenn der Samen in der Erde keimt? Oder schon, wenn die Eichel, Buchecker, Zirbelnuss oder ein geflügelter Samen auf die Erde fällt? Oder vielleicht schon, wenn dieser Samen auf dem Mutterbaum seiner Bestimmung entgegenreift?

Oder vielleicht noch früher, wenn die Erbinformation für die kommende Blüte und Samenbildung festgelegt wird? Ist diese Grenze des Lebensbeginns überhaupt auf einen bestimmten Zeitpunkt festzulegen?

Der Versuch, das Mysterium des Lebewesens Baum zu erfassen, führt uns in eine Vielzahl bezaubernder Kreisläufe. Als aktives und lebendiges Wesen erschließt der

Baum mit seinen Wurzeln eine uns unbekannte, dunkle Welt. Eine Welt, aus der wir kommen und in die wir wieder zurückkchren werden. Eine Welt, die wir gern aus unseren Gedanken verdrängen. Vielleicht denken wir deshalb nicht so gern an dieses finstere Erdenreich, weil es uns so sehr an unsere eigene Vergänglichkeit erinnert.

Mit seinen Wurzeln durchdringt der Baum diese Welt. Er verändert sie und tauscht sich mit ihr aus. Fest verwachsen im irdischen Reich der Dunkelheit, wächst der Stamm in ein ganz anderes Element hinaus. Er trägt Äste mit Nadeln oder Blättern, mit Blüten und Früchten zum Himmel, dem Licht und der Sonne entgegen. Spiegelgleich zu den Wurzeln in der Erde tauschen sich Blätter und Nadeln mit Licht und Luft, mit Wind und Wetter aus. Stofflich, chemisch durch Kohlendioxidaufnahme und Sauerstoffproduktion, aber auch sinnlich, seelisch, indem sie durch Form, Farbe und Geräusch auf die Sinneswelt von Mensch, Tier und Pflanze Einfluss nehmen.

Als Beispiel für die Vielzahl der Pfade, auf denen sich Bäume mit ihrer Umwelt austauschen, sei hier auf die in Amerika erforschten Zusammenhänge zwischen Tonfrequenzen des Vogelgesangs und der Entwicklung von Pflanzenzellen verwiesen. Für eine gute Entwicklung brauchen Bäume auch den Gesang der zur Lebensgemeinschaft Wald gehörenden Vögel.

In dieser Untersuchung[24] wurde festgestellt, dass bestimmte Pflanzenzellen bei bestimmten Tonfrequenzen

---

[24] Peter Tompkins und Christopher Bird: Die Geheimnisse der guten Erde, München, 1991

des Vogelgesangs Wasser und Nährstoffe besser aufnehmen. Mit einfachen Worten: Der Gesang der Vögel lässt Pflanzen besser wachsen.

Darüber hinaus gibt es noch eine Fülle von Verflechtungen der Bäume mit ihrer Lebenswelt, für die uns ganz einfach die Sinne oder zumindest die Worte fehlen. Wer kennt nicht das leichte, befreiende Glücksgefühl, das der Anblick eines blühenden Kirschbaumes im Frühjahr in uns weckt? Oder den Hauch von Urgewalt, der uns berührt, wenn eine riesige Eiche mit ihrer unendlichen Standfestigkeit einem Gewittersturm trotzt? Kennen Sie das zarte Säuseln der Espenblätter im Herbstwind? Die Sprache der Bäume ist wunderbarer und vielschichtiger, als eine Feder es jemals niederschreiben könnte.

Die leichten, lichten und luftigen Kräfte des Himmels werden von den Blättern, Nadeln und Ästen der Baumkrone eingefangen. Über den Stamm und die Wurzeln gelangen diese Kräfte in das entgegengesetzte Element Erde. Sauerstoff, Fruchtbarkeit und Leben erreichen die tief durchwurzelten Erdschichten. Mit diesen Lebenskräften der fruchtbaren Erde treiben die Samen der alten Baumriesen wieder junge Baumkronen dem Licht und der Sonne entgegen. Ein Kreis wird geschlossen.

Jedes einzelne Naturschauspiel Baum ist eine Durchlichtung der irdischen Dunkelheit und eine Umwandlung der luftigen Kräfte des Himmels in feste Formen. Die Energie des Himmels strömt durch den Baum in die Erde. Finsternis und Licht ergänzen einander, damit ein Baum Baum ist, damit ein Baum lebt.

Baumleben – ein lebender Baum ist viel mehr als eine Anhäufung von Holzzellen oder das Aneinanderreihen biologischer Reaktionen. Eine Vielzahl von wunderbaren Kreisläufen, polaren Gegensätzen, Spannungen, Rhythmen, Ausgleichs- und Pendelbewegungen steht hinter dem Mysterium Baum.

Entscheidend bei der Frage nach Leben und Tod von Bäumen ist nicht der Entwicklungsstand des Einzelbaumes, der sich in einem unendlichen Kreislauf befindet. Entscheidend ist sein Mysterium.

Einen Baum zu ernten heißt nicht, ihn zu vernichten. Die Zerstörung würde mit der Zerstörung seines Mysteriums beginnen, mit dem Auslöschen der Idee vom unendlichen Kreislauf, der Idee der Verbindung von Himmel und Erde durch das Wesen Baum.

In verschiedenen Religionen hat der Baum eine zentrale Bedeutung: Er ist ein Symbol des Lebens.

Im Buch Genesis steht:

Gott, der Herr ließ aus dem Ackerboden
allerlei Bäume wachsen, verlockend anzusehen
und mit köstlichen Früchten,
in der Mitte des Gartens aber den Baum
des Lebens und den Baum der Erkenntnis
für Gut und Böse.

Dieses Motiv des Baumes als Lebenssymbol finden wir auch im Hinduismus mit dem heiligen Feigenbaum, im Islam, in indianischen Kulturen und bei den Germanen. Der Baum als Lebenssymbol stirbt nicht durch die Ernte, sondern dann, wenn ihm seine Verknüpfungen, seine Rhythmen und Aufgaben in der Welt genommen werden und wenn er aus dem Leben der Menschen verbannt wird.

Erfreuen wir uns an unseren Bäumen und ernten wir ihr Holz, wenn es reif geworden ist. Nehmen wir das Holz unserer Bäume an und schließen wir damit ihr Mysterium in unser Leben ein. Sorgen wir dafür, dass das Holz nach seinem Gebrauch den vorgesehenen Kreislauf schließen und wieder zu Humus werden kann. Wer dieses Geheimnis bewahrt, trägt das Wunder der Bäume in sein eigenes Leben hinein.

Welchen Wert hat nun das Wissen vom Leben unserer Bäume in der praktischen Holzverarbeitung, für den Bauherrn und Möbelkäufer? Aus der Baubiologie wissen wir, dass naturbelassenes Holz ein lebendiger Werkstoff ist. Lebendig im Sinne des Mysteriums Baum: Holz tritt in rhythmische, schwingende und ausgleichende Beziehungen zu Mensch und Umwelt. Unbehandeltes Holz atmet, nimmt Feuchtigkeit auf, gibt diese wieder ab und tritt zu uns Menschen durch Farbe, Form und durch den Geist, mit dem es verarbeitet wurde, in sinnlichen Kontakt.

Ein Möbelstück oder Fußboden kann uns beruhigen, aufbauen, erfreuen, Kraft geben, aber auch frustrieren, beunruhigen und schwächen. Entscheidend ist dabei die Frage: Was wurde mit dem Holz gemacht, wie wurde es behandelt und verarbeitet?

Wer Holz mit giftigen Stoffen behandelt oder bearbeitet, tötet den Baum. Das Mysterium Baum erlischt und der Baum stirbt, wenn wir ihn aus seinem unendlichen Kreislauf entfernen. Das geschieht, wenn wir Holz so behandeln, dass es den Weg zum Humus nicht mehr findet.

Wenn aber Holz ohne synthetische Chemie verarbeitet wird, sodass es über Kompostierung oder Verbrennung den Weg in den natürlichen Kreislauf finden kann, bleiben seine Lebensfunktionen intakt.

Einen Baum zu ernten heißt nicht, ihn zu töten. Das Niederbrechen eines reifen Baumes ist ein Lebensvorgang, den auch die Natur vorsieht! Humus, der aus den alten Bäumen entsteht, ist die Lebensgrundlage für die jungen Bäume, für das Leben, das sich ständig im Fluss befindet.

Wer Holz mit Achtung vor der Natur verarbeitet, mit ihm lebt und es wieder in den Kreislauf der Natur zurückgibt, erhält unsere Bäume und den Wald.

Zum guten Schluss

Bäume sind die Verbindung zwischen den himmlischen, luftigen und lichten Elementen und den irdischen, schweren und dunklen Kräften der Erde. Es ist ihr Wesen und ihr Geheimnis, durch diese Verbindung beide Welten zu beleben, zu bereichern, auszutauschen und dadurch zu bewahren.

Nehmen wir uns dieses Wunder der Natur zum Vorbild. Geben wir unserem Leben die neue Dimension, so wie die Bäume ein Bindeglied zu sein. Verbinden wir die Schätze der Natur, die wir in Fülle übernehmen konnten, mit den Generationen, die nach uns kommen.

Dieser Weg ist einfach zu gehen. Gleichgültig, ob als Mutter, die Spielzeug für ihr Kind sucht, ob als Bauherr, Handwerker, Architekt, Säger oder als Förster im Wald.

Jeder kann an seinem Platz an dieser großen Aufgabe mit-wirken: Schließen wir das Geschenk unserer Wälder, den wunderbaren Stoff Holz, in unser Leben ein. Bringen wir auf diese Weise alle Wunder und Geheimnisse der Bäume in unsere Herzen.

Wir können Holz ohne synthetische Chemie verarbei-ten, sodass es von jahrhundertelanger Dauerhaftigkeit ist und nach Gebrauch wieder zu Asche und Humus werden und die nächsten Baumgenerationen ernähren kann – ein Kreislauf wird geschlossen.

Bereichern, beleben und bewahren wir durch unser bewusstes Handeln die Schätze der Natur, die unsere Kin-der übernehmen sollen. Erfüllung, Lebensfreude und ein großer Schritt weiter auf der Suche nach unserem eigenen Geheimnis werden der Lohn sein.

INFORMATIONEN & SERVICE

Nicht jeder kann – wie ich es lange konnte –
zu seinem Opa gehen, wenn er wissen möchte, an
welchem Tag Bauholz geerntet werden soll, wie
lange die Pfosten an der Luft trocknen müssen,
bis sie zu Möbeln verarbeitet werden können, oder
ob es notwendig ist, die Schalungsbretter der
Hausfassade zu streichen.

Dieses Buch soll Ihnen Anregungen geben,
damit auch Sie die Natur auf so schöne Weise
in Ihr Leben einbeziehen können.

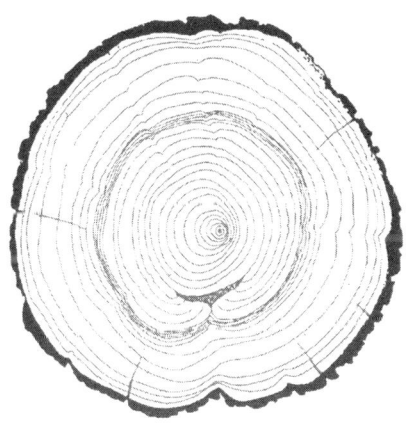

Holz –
ein besonderes Material

Holz ist kein gleichförmiges Material wie etwa Metall, Glas oder verschiedene Kunststoffe, sondern eine aus Zellen, Poren, Kapillaren und verschiedensten Inhaltsstoffen aufgebaute organische Masse. Dieser Aufbau bringt uns Menschen eine Fülle fantastischer Werkstoffeigenschaften.

Der Zusammenhang zwischen Festigkeit und Rohdichte verschiedener Baustoffe lässt sich mit der »Reißlänge« anschaulich darstellen. Die Reißlänge ist jene theoretische Länge, bei der ein frei aufgehängter Stab durch sein Eigengewicht abreißt.

Bei Stahl beträgt diese Länge je nach Stahlqualität 4–8 km, bei Aluminium 11 km, bei Holz je nach Art und Struktur 11–30 km.[25]

Ähnlich hervorragende Werte erreicht der Baustoff Holz auch beim Zusammenhang zwischen Volumen bzw. Gewicht und der Fähigkeit, Schall zu isolieren und Wärme zu dämmen.

Arbeiten des Holzes

Runde Stämme und frisch gesägte Bretter haben einen höheren Wassergehalt als Holzmöbel und verbautes Holz. Feuchtes Holz trocknet, bis es einen beinahe gleichblei-

---

[25] Prof. Dr. Hans Hartl, Holzkurier Nr. 16, 21. April 1994

benden Feuchtigkeitswert erreicht hat, der dem Umgebungsklima angepasst ist. Diese Trocknung ist die Ursache für einen Volumensverlust, für das Schwinden und verschiedene Bewegungen des Holzes.

Sehen wir uns diesen Schwund näher an.

Frisch geschnittener Stamm:

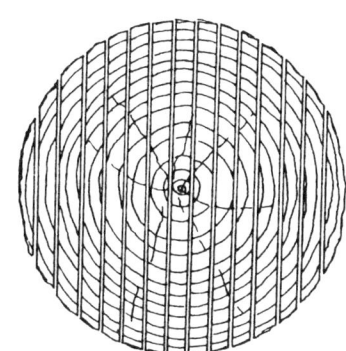

Derselbe Stamm einige Monate oder Jahre später:

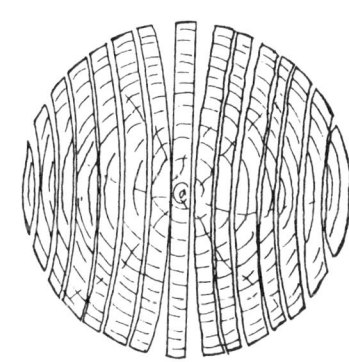

Das ältere Holz in Kernnähe ist weniger geschwunden als das junge Holz am Rand. Bei einem runden Stamm oder einem stärkeren Stück Kantholz spannen sich die äußeren, jüngeren Jahresringe um die inneren, älteren Jahresringe wie die Reifen, die ein Fass zusammenhalten. Diese Spannung steigt, bis es zur gewaltsamen Entspannung durch Kernrisse kommt.

Bei kernfreiem Kantholz entstehen diese Entspannungsrisse in viel geringerem Umfang:

Ein Brett mit liegenden Jahresringen (»Flader«) schwindet bei der Trocknung ca. doppelt so stark (um 8–10 %) und wölbt sich mehr …

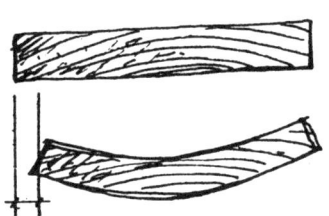

… als ein Brett mit stehenden Jahresringen (»Riftbrett«). Dieses schwindet nur um ca. 5 % und wölbt sich kaum.

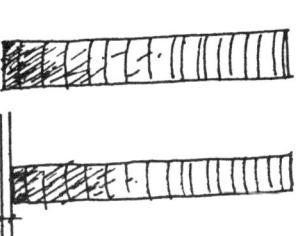

All diese Bewegungen des Holzes bei Feuchtigkeitsveränderungen nennt man »Arbeiten«. Die Art, wie wir diesen Bewegungen des Holzes begegnen, unterscheidet die natürliche Holzverarbeitung vom Einsatz »harter« Chemie.

Ruhiges Holz kann – ohne großflächige Verleimungen – durch Holzernte zum richtigen Zeitpunkt, richtige Baumauswahl und langsame Trocknung erreicht werden.

Fragen, die Sie beim Holzeinkauf stellen sollten

Stellen Sie sich Folgendes vor: Sie möchten Ihren alten Teppichboden gegen einen Holzfußboden austauschen. Schnelligkeit wird oft als Qualitätsmerkmal unserer Zeit angesehen. In diesem Sinne können Sie schnell den nächsten Baumarkt oder Parkettgroßhandel aufsuchen und dort zwischen verschiedenen Farben und Preisklassen schichtverleimter Fertigparkettböden Ihre Wahl treffen und den Boden gleich mit nach Hause nehmen. Aber es bleiben Fragen offen: Wissen Sie, wo das Holz für Ihren Boden gewachsen ist? In Übersee, in den Tropen, in Russland oder im hohen Norden? Wissen Sie, welche Inhaltsstoffe in den Leimen der Holzplatten, in den Farben und Oberflächenbeschichtungen enthalten sind? Gibt es ausgasende Gifte in Ihrem Boden? Kann dieses Material kompostiert oder verbrannt werden, ohne dass dabei Mensch und Umwelt belastet werden?

Sie können die Schnelligkeit Ihres Einkaufes durch Muße und Ruhe ersetzen und zu einem Handwerker gehen, der massive und unverleimte Dielen oder Parkettbrettchen, jedes aus einem ganzen Stück Holz, kunstvoll zur Gesamtfläche zusammenfügt. Mit ein wenig handwerklichem Talent können Sie in diese Arbeit auch Ihre eigene Kreativität einbringen. Wohnen Sie in einer Mietwohnung oder haben Sie später einmal vor zu übersiedeln, achten Sie darauf, dass Sie ein »schwimmendes«, zerlegbares Bodensystem erhalten. Einen Holzboden, der Sie ein Leben lang begleitet.

Sie können Ihren Boden mit Naturharzölen und Wachsen behandeln, anstatt ihn mit Lacken zu versiegeln. Dann wissen Sie auch, dass der Boden irgendwann in den Kreislauf der Natur zurückkehren kann.

Gleichgültig, ob Sie sich ein Nachtkästchen kaufen möchten oder ob Sie beabsichtigen, ein ganzes Holzhaus zu bauen: Um eine Holzqualität im Sinne dieses Buches zu erhalten, ist es vor der Entscheidung, welchen Lieferanten Sie auswählen, hilfreich, über die nachstehenden Fragen nachzudenken.

1) **Die Herkunft des Holzes?**
Holztransporte von einem Kontinent zum anderen belasten die Umwelt und kosten Energie. Weiters sollten Sie als Kunde sicher sein, dass Ihr Holz nicht aus radioaktiv verseuchten Gebieten[26] stammt. Es ist wichtig, dass das Holz aus nachhaltig genutzten Wäldern und nicht aus Raubbaugebieten kommt, in denen auf Wiederaufforstung und Nachwuchspflege der Wälder nicht geachtet wird.

---

[26] etwa aus der ehemaligen Sowjetunion (GUS-Staaten)

Mein Tipp: Mit der Entscheidung für heimisches Holz schalten Sie diese Risikofaktoren aus, ohne mühsame Nachforschungen bei oft schlecht informierten Verkäufern anstellen zu müssen!

2) **Das Alter der Bäume?**

Die Reife des Holzes ist mitbestimmend für dessen Dauerhaftigkeit und Ruhe. Eine Faustregel für gutes Holz: Nadelbäume sollen älter als 120 Jahre sein. Schnell wachsende Laubbäume, wie etwa Birke und Erle: älter als 50 Jahre; mäßig und langsam wachsende Laubbäume, wie etwa Ahorn, Esche, Buche, Eiche, Ulme: ab 100 bis 200 Jahre.

Diese Angaben sind Anhaltspunkte für anspruchsvolle Verarbeitungszwecke.

3) **Chemie im und am Holz?**

Wald – keine Insektizide gegen Borkenkäfer! Transport – im Container übers Meer transportiertes Holz wird wegen des extremen Klimas im Container vielfach vorbeugend mit Holzschutzmitteln behandelt. Ebenso Rundholz, das auf dem Weg vom Wald zum Sägewerk nationale Grenzen überschreitet.

Sägewerk – keine Fungizide am Schnittholz (Tauchimprägnieren!), keine Holzschutzmittel am Rundholzlagerplatz.

Weiterverarbeitung – besondere Vorsicht bei Kunstharzleimen auf Basis von Formaldehyd und Isocyanat.

Oberflächen – Holzoberflächen sollen mit natürlichen Ölen, Harzen und Wachsen behandelt werden, nicht mit synthetisch-chemischen Lacken.

Wenn Sie jeden Zweifel ausschließen wollen, wählen Sie einen Lieferanten, der Ihnen schriftlich bestätigt, dass auf den Einsatz von synthetisch-chemischen Mitteln bei der Holzverarbeitung verzichtet wurde.

4) Das richtige Holz für Ihren Zweck?

Anspruchsvolle Massivholzbauten erfordern ruhig gewachsene Bäume. Wenden Sie sich an einen guten Fachmann. Adressen zu Fachbetrieben finden Sie auch auf der Homepage des Autors: www.thoma.at

Härte – für stark beanspruchte Flächen wie Böden sind harte Hölzer wie Buche, Eiche, Esche etc. in massiver Ausführung die (auch ökologisch) beste Wahl. Vermeiden Sie Beschichtungen, um härtere Oberflächen zu bekommen.

Natürliche Verwitterungsfestigkeit – verwenden Sie im Freien verwitterungsfestes Lärchen-, Eichen- oder Robinienholz (unbehandelt).

5) Holzerntezeitpunkt?

Ruhe und Dauerhaftigkeit Ihres Holzes können Sie durch die richtige Holzernte unterstützen. Achten Sie auf folgende Kriterien für Bau- und Möbelholz:
1. richtige Jahreszeit (Winter)
2. richtige Mondphase (abnehmender Mond bzw. Neumond);
   (siehe Abschnitt »Holzerntetage für gutes Bau- und Möbelholz«)

6) **Ist die ausgewählte Holzart für Ihren Geschmack, Ihre Seele und Ihre Gesundheit die richtige Wahl?**

Den richtigen Baum zu wählen bedeutet Energie, Ausgeglichenheit, Harmonie und Lebensqualität. Überlegen Sie, welcher Baum am besten zu Ihnen passt. Es ist ein Unterschied, ob Sie z. B. auf einem Lärchen- oder Eichenboden leben.

Lassen Sie sich im Zweifel Muster geben. Ihr eigenes Gefühl ist immer noch Ihr bester Ratgeber.

7) **Kann das Holz, nachdem es seinen Zweck erfüllt hat, durch Kompostierung oder Verbrennung ohne giftige Abgase wieder zu Asche und Humus und damit zur Nährstoffgrundlage für neue Bäume werden?**

Durch den konsequenten Verzicht auf den Einsatz synthetischer Chemie ist diese Frage positiv beantwortet.

8) **Wurde die richtige Einschnittart gewählt?**

Einige Beispiele: kernfreier Einschnitt für Kanthölzer in Wintergärten etc.; stehende Jahresringe für Holzfußböden im Badezimmer.

 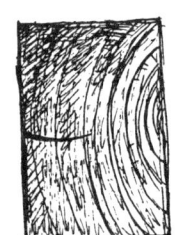

Kantholz mit Kern reißt.　　*Kernfrei geschnittenes Kantholz ist viel ruhiger.*

Stehende Jahresringe für Holzfußböden im Badezimmer

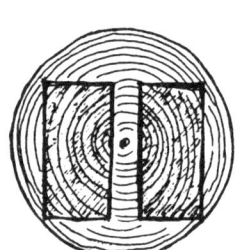

Kernfreier Einschnitt für Wintergartenholz

Abdeckpfosten für Balkongeländer

Holzerntetage für gutes Bau- und Möbelholz

Wenn Sie Holz zum richtigen Zeitpunkt ernten wollen, können Sie so Ihre Erntetage selbst nach folgenden Kriterien festlegen:

1. **Regel – Winter:** Achtung, der biologische Winter eines Baumes ist nicht mit dem Kalenderwinter identisch. Der Saftstrom wird im Baum in der letzten Augustwoche eingestellt und beginnt wieder Ende Jänner bis Februar. Der Baumwinter dauert also vom September bis zum Jänner. In kalten Regionen bzw. im Gebirge kann auch noch auf den Februar ausgewichen werden. Im Zweifelsfall empfehle ich, die Monate des Hochwinters, also November bis Jänner, vorzuziehen.

2. **Regel – Mondphase:** Innerhalb dieser Monate sollten Sie einen Tag in der abnehmenden Mondphase wählen. Es gibt also in jedem Monat 14 Tage, beginnend einen Tag nach dem Vollmondtag bis zum Neumond, die dieser Regel entsprechen. Wissenschaftlich nicht bestätigte Traditionen sagen, näher bei Neumond ist besser als näher bei Vollmond. Wer Regel 1 und 2 beachtet, erhält hervorragendes Bau- und Werkholz. Für all jene, die darüber hinaus noch großen Wert auf die sogenannten Sternbilder legen, führe ich die Regel 3 an.

3. **Regel – Sternbilder:** Diese dritte Regel beruht allein auf Überlieferungen und Traditionen und konnte bis-

her wissenschaftlich noch nicht bestätigt werden. Für alle, die es trotzdem versuchen wollen: Wählen Sie aus den Tagen, die der ersten und zweiten Regel entsprechen, einen aus, der gleichzeitig ein Steinbock-, Jungfrau- oder Stiertag ist.

Mein Tipp für Bauholz: Steinbock bei abnehmendem Mond im Hochwinter.

Empfohlene Zeiträume zur Lagerung und Lufttrocknung von Holz

Einige Beispiele für Trocknungszeiten:

Bauholz, je nach Verwendung und Anforderung:	1–5 Jahre
Böden, Schalungen aus Nadelholz:	1–2 Jahre
Böden aus Laubholz (Eichenholz benötigt die längste Lagerung):	2–4 Jahre
Möbelholz:	1 Jahr je Zentimeter Holzstärke

Bei richtiger Verarbeitung kann Bauholz in bestimmten Ausnahmefällen den letzten Teil seiner Trocknung auch im verbauten Zustand verbringen.

Ein Beispiel: Die Balken einer Balkendecke können bereits einige Monate nach dem Schneiden im Sägewerk verlegt werden, wenn sichergestellt ist, dass die eingebauten Balken im Rohbau allseitig von Luft umspült werden können und der Rohbau vor Regen und Schnee geschützt ist. Eine derartige Vorgangsweise sollten Sie aber in jedem Fall mit einem Fachmann besprechen.

Im Zweifelsfall ist die Luttrocknung von Bauhölzern vor der Verarbeitung auf ca. 20 % Feuchtigkeit immer die beste Lösung.

Natürlicher Holzschutz

Die konsequente Anwendung von natürlichem Holzschutz bedeutet für den Bauherrn bares Geld: Zum einen gewährleistet natürlicher Holzschutz eine lange Lebens- und Nutzungsdauer der errichteten Bauwerke, zum anderen kann man sich aufwendige und teure chemische Holzschutzmaßnahmen ersparen.

Lesen Sie dazu aus der Ausschreibung eines bayerischen Ingenieurbüros:[27]

Die bestehenden, erst 1983 erstellten Holzbalkone sind bereits, trotz Verwendung von chemischem Holzschutz (und ständigen Wartungsanstrichen), durchgefault. Grund ist vor allem die Missachtung von konstruktiven Holzschutzmaßnahmen. Außerdem zeigt sich dabei wieder, dass der chemische Holzschutz bei Hölzern im Freien keinen Schutz vor Verfaulen bietet, das Holz jedoch zu Sondermüll macht.

---

[27] Fa. HABO, Baubiologie, Dipl. HTL Ing. Herbert Rupitsch, Rosenheim

Weiters findet sich in der Ausschreibung ein Leistungsverzeichnis für Abbruch- und Entsorgungsarbeiten sowie für die Neuerrichtung der Balkone mit feinjähriger Gebirgslärche, die zur richtigen Mondphase geerntet wurde.

Vorher aber müssen teure Sanierungsarbeiten durchgeführt werden. Kosten, die sich der Hausbesitzer bei Anwendung des natürlichen Holzschutzes und Verwendung von gutem Holz hätte ersparen können.

Wovor müssen wir unser Holz schützen?

Bricht im Wald ein Baum nieder, sind sofort Insekten, Pilze und Mikroorganismen zur Stelle, um Rinde, Holz, Blätter und Nadeln dorthin zurückzuführen, wo sie herkamen. Im gesunden Waldkreislauf wird alles wieder in fruchtbaren Humus verwandelt. Auf diesem neuen Waldboden, der die Lebenskraft des alten Baumes beinhaltet, wächst die junge Generation heran.

Wollen wir Menschen uns herausnehmen, Organismen, die den natürlichen Kreislauf in Gang halten, als Schädlinge zu bezeichnen? Dürfen wir holzabbauenden Organismen einfach den Stempel »schädlich« aufdrücken und mit der Giftspritze bekämpfen? Bei so viel Unverständnis werden wir uns am Ende nur selbst vergiften.

Wäre es nicht sinnvoller, sich mit dem Leben dieser Pilze und Insekten auseinanderzusetzen? Wer das tut, wird schon nach kurzer Zeit erkennen, dass wir holzabbauende Organismen auf einfache Weise von unseren

Häusern und Holzgegenständen fernhalten können. Wir brauchen dazu kein Gramm Gift – nur ein bisschen Hausverstand:

Wo findet die Verwandlung von Holz in Humus statt? Zu 99,9 % im Wald, unter freiem Himmel und unter Einfluss der Witterung.

Unsere Häuser aber haben alle ein Dach über dem Kopf. Das heißt: Wenn wir Holz unter ein Dach bringen, dort einbauen und verarbeiten, trocknet es bis zu einem Feuchtigkeitswert, den Holz im Wald nur äußerst selten aufweist.

Für das unter Dach verbaute Holz stellt also das Millionenheer der holzabbauenden Insekten und Mikroorganismen von vornherein keine Bedrohung dar. Nur einige wenige Spezialisten, die wir an einer Hand abzählen können, kommen mit dem ausgetrockneten Holz unserer Bauten und Werkstücke zurecht. Wenn wir auch diese kleine Gruppe auf natürliche Weise in den Griff bekommen, sind wir alle Sorgen mit giftigen Holzschutzmitteln los.

Der Schlüssel für die Gefahr durch diese spezialisierten Pilze und Insekten liegt in der Holzfeuchtigkeit. Mit einfachen baulichen Maßnahmen (= konstruktiver Holzschutz) lässt sich das Holz in unseren Häusern so trocken einbauen und verarbeiten, dass ihm selbst diese Käfer und Pilze nichts mehr anhaben können.

Natürlicher Holzschutz gegen Pilze

In der Tabelle sehen Sie die Holzfeuchtewerte, die Pilze zum Leben und zur holzabbauenden Tätigkeit brauchen.

Pilzart	Mindest-feuchte	Optimaler Bereich
Echter Hausschwamm (Serpula lacrymans)	ca. 20 %	30 %
Brauner Keller- oder Warzenschwamm (Coniophora puteana)	20 %	50–60 %
Blättlinge (Gloeophyllum-Arten)	20 %	40–60 %
Porenschwämme (Poria-Arten)	20 %	40 %
Bläuepilze	30 %	30–40 %

Tabelle nach: Bernhard Leiße: Holz natürlich behandeln, Heidelberg 1994

Jeder Pilz geht, wie alle Lebewesen, den Weg des geringsten Widerstandes und sucht sich daher möglichst optimale Lebensbedingungen. Diese liegen aber nicht im Bereich von 20 %, sondern bei mehr als 30 % Holzfeuchtigkeit. Werte, von denen Hölzer im Wohnbau weit entfernt sind.

Wenn die runden Stämme im Sägewerk aufgeschnitten, Bretter und Kantholz zum Lufttrocknen gestapelt und abgedeckt werden, trocknet dieses Schnittholz auf eine

Feuchtigkeit von 12–20 % (je nach Witterung). Bei der weiteren Verarbeitung, gleichgültig, ob ein Möbelstück entsteht, ein Fußboden oder die Wände und das Dach für ein Haus, trocknet Holz noch weiter aus.

Die Feuchtigkeit von Holz im überdachten, offenen Bereich (z. B. Hausaußenwand) liegt bei 12–18 % (je nach Witterung). Hölzer in beheizten Räumen pendeln sich je nach Jahreszeit bei 6–10 % Feuchtigkeit ein. Unter Dach, also im Wohnbau bei praktisch jeder Art der Holzverwendung (außer Balkone und Terrassen), finden wir nirgends Holzfeuchtewerte, bei denen ein Pilz existieren könnte. Dazu kommt, dass in der Praxis auch im angegebenen Grenzbereich von 20–25 % Holzfeuchte kaum ein Befall von holzzerstörenden Pilzen zu beobachten ist.

Schlussfolgerung: Unter 20 % Holzfeuchte kann kein Pilz wachsen. Wenn das Holz trocken ist, können wir auf jeden chemischen Schutz (= Fungizide) verzichten.

Schon die richtige Lagerung und Lufttrocknung von Holz bietet Schutz gegen Pilzbefall.

Es gibt nur zwei Dinge, die zum Thema Holzschutz gegen Pilze beachtet werden sollten:

1. Konstruktiv richtiger = vor Nässe geschützter Einbau des Holzes
2. Wassertransport durch den Hausschwamm

1) Zum konstruktiv richtigen Holzbau könnte ein eigenes Fachbuch geschrieben werden. Hier werden nur einige Empfehlungen gegeben, die Sie mit Ihrem Architekten, Baubiologen und Handwerker konsequent verfolgen sollten:
   – Nässeschutz des Holzes am Bau, keine monatelange Bewitterung, bevor das Dach geschlossen wird;
   – Verwendung von ausreichend vorgetrocknetem und abgelagertem Holz;
   – ausreichende Dachüberstände: Die Vermeidung direkter Beregnung ist vielfach wirkungsvoller als synthetisch-chemischer Holzschutz. Alte, unversehrte Holzgebäude verfügen immer über einen ausreichenden Dachüberstand.

Schutz durch Dachüberstand

- Holz vom feuchten Untergrund fernhalten. Fassaden, Holzständer etc. sollen nicht unmittelbar am oder im Erdreich enden. Sorgen Sie für entsprechende Auflagesockel und Unterbauten aus Stein, Mauerwerk etc.

Lagersockel für Säulen

- Das Wasser muss von allen Bauteilen aus Holz vollständig abfließen können, die fallweiser Beregnung oder Nässe ausgesetzt sind; eine vertikale Fassadenschalung ist besser als eine mit horizontal ausgerichteten Brettern.

Unterkonstruktion aus Stein

– Hinterlüftungen: Lassen Sie an jedes Holzbauteil so viel Luft heran wie möglich. Holzverschalungen sollen auf Lattenroste (Konterlattung) montiert werden, hinter welchen die Luft durchstreichen kann.

Hinterlüftung von Holzverschalungen

– Kondenswasser, Tauwasser, Folien:
Die Entwicklung vom Niedrigenergiehaus bis zum Passivhaus hat immer dickere Dämmstoffschichten und luftdichte Folien gebracht. Heute sehen wir, dass uns dieser Weg große Probleme bereitet. Kondensat- und Schutzwasserschäden der superdichten Wände, die in großer Zahl auftreten, stellen diese technische Lösung infrage. Für betroffene Bauherren ist das ein Horrorszenario. Garantiefristen sind oft gerade abgelaufen, ausführende Firmen nicht selten insolvent und nicht mehr vorhanden. Die Sanierung eines verschimmelten Hauses ist in jeder Hinsicht eine Großbaustelle. Gerade hier bietet der Baustoff Holz die beste Lösung und Sicherheit. Wir konnten inzwischen eine Vielzahl von energieautarken Häusern errichten, die ganz

ohne Dämmstoff und komplizierter Haustechnik auskommen. Verdübelte Vollholzwände, rund 30 cm dick,
ersetzen luftdichte Folien und Dämmung. Diese Holzwände bleiben atmungsaktiv und bieten hundert-
prozentigen Schutz gegen Kondensat- und Tauwasser-
schaden.

Zur Umsetzung des konstruktiven Holzschutzes ist
ein Handwerker nötig, dem diese Art zu arbeiten ein
Anliegen ist. Es gibt solche Handwerker und es werden immer mehr. Auf den Internetseiten des Autors
sind solche Betriebe samt aller Kontaktdaten unter
www.thoma.at zu finden.

2) Eine seltene Ausnahme – der Hausschwamm:
Es gibt eine einzige, selten auftretende Ausnahme, bei
der auch Holz unter 20 % Feuchtigkeit befallen werden kann – der Echte Hausschwamm benötigt zwar
für sein Wachstum feuchtes Holz (über 20 %), wenn er
aber einmal da ist, kann er mehrere Meter lange und
bis ein Zentimeter starke Stränge ausbilden. In diesen
Strängen wird Wasser zu benachbarten, trockenen
Holzteilen transportiert, damit dieses Holz befeuchtet
und befallen werden kann.

Wie beugt man dem Hausschwamm vor? Wenn Ihr
Haus konstruktiv richtig gebaut und das Holz somit
trocken ist, genügt es in der Regel, darauf zu achten,
dass sich in unmittelbarer Nähe Ihres Hauses kein mo-
dernder Holzhaufen oder faulende Holzreste alter Bauwerke als »Brutstätte« für den Hausschwamm befinden.
Bei einer eventuellen Sanierung sollten neben großzü-
gigem Austausch aller befallenen Hölzer auch vorhan-

dene Pilzstränge im Mauerwerk und unter Putz entfernt werden (Gasbrenner). Damit Sie das theoretische Problem Hausschwamm aber nicht überbewerten: In all den Jahren der Holzbautätigkeit unseres Betriebes haben wir noch nie einen Hausschwammbefall an gutem, richtig gelagertem und eingebautem Holz erlebt.

Natürlicher Holzschutz gegen Insekten

Bei den Insekten finden wir eine ähnliche Situation vor wie bei den Pilzen. Die Trockenheit der verbauten Hölzer bietet den meisten dieser Tiere keine Überlebensgrundlage. Es gibt lediglich drei Spezialisten für trockenes Holz:

**Lebensbedingungen
der wichtigen holzabbauenden Insekten**

Insekt	Temperatur	Holzfeuchte
Brauner Splintholzkäfer (Lyctus brunneus)	11–38 °C	9–60 %
Gewöhnlicher Nagekäfer (Anobium punctatum)	14–29 °C	12–50 %
Hausbock (Hylotrupes bajulus) befällt nur Nadelhölzer	bis 32 °C	7–28 %

*Tabelle nach: Bernhard Leiße: Holz natürlich behandeln,
Heidelberg 1994*

Nur diesen drei Spezialisten gelingt es, theoretisch auch in verbauten, trockenen Holzteilen brauchbare Lebensbedingungen zu finden. Auf den ersten Blick eine gefährliche Sache für Gegenstände und Häuser aus Holz. Aber wirklich nur auf den ersten Blick. Sehen wir uns im Detail an, warum richtig gebaute Holzhäuser auch diesem Trio Jahrhunderte hindurch trotzten:

Brauner Splintholzkäfer: Ursprünglich war der Splintholzkäfer bei uns nicht heimisch, sondern wurde aus den Tropen, vermutlich mit Importholz, eingeschleppt.

In unserem »kühlen« Klima fühlt sich der Splintholzkäfer trotz seiner Fähigkeit, trockenes Holz zu befallen, nicht sehr wohl. Die europäischen Holzarten sind für ihn kaum genießbar. Nadelholz mag er gar nicht, von den Laubhölzern kommen für ihn nur die hellen Arten (Ahorn etc.) oder helle Randbereiche des Stammes (Splint) infrage.

Das heißt: Für Bauten und Möbel aus den Nadelhölzern Fichte, Tanne, Kiefer oder Lärche besteht seitens des Splintholzkäfers keine Gefahr. Für Möbel aus hellen Laubhölzern ist die Gefahr ebenfalls gering. Ein sorgfältiger Tischler wird befallenes Holz niemals verarbeiten. In unserem europäischen Klima kann der Tropenbewohner auch kaum von einem Haus zum anderen fliegen. Neubefall ist dadurch praktisch unmöglich.

Sollte ein Möbelstück dennoch befallen sein, genügt eine Frostnacht im Freien (z. B. am Balkon) und alle Splintholzkäfer und -eier sind zerstört.

Somit stellt dieser Exote für unsere Hölzer keine echte Gefahr dar.

Gewöhnlicher Nagekäfer (Totenuhr, Klopfkäfer): Die Klopf- oder Nagekäfer können zwar theoretisch in Holz mit nur 12 % Feuchtigkeit leben, ihr Optimum liegt aber bei ca. 30 %. Kein Klopfkäfer geht »freiwillig in die Wüste« trockenen Holzes. In beheizten Wohnräumen mit Holzfeuchtewerten von nur 6 bis 12 % kann er überhaupt nicht existieren.
Die Hauptverbreitung dieses Gesellen »passiert« beim Einbau von zu feuchten oder bereits befallenen Hölzern. Durch sorgfältige, luftige und trockene Lagerung des Schnittholzes sowie durch Verwendung ausschließlich unbefallenen Holzes wird die Gefahr eines Nagekäferbefalls auf nahezu null reduziert. Eine allenfalls doch notwendige, wirkungsvolle Bekämpfung ohne Gift ist mit Hitze möglich (vgl. Hausbock). Möbelstücke und kleinere Holzteile können sehr gut in herkömmlichen Trockenkammern von so einem Bewohner befreit werden.

Hausbock: Der Hausbock ist im Baubereich wohl der bedeutendste von allen Insektenschädlingen. Dennoch stellt auch er bei vernünftigem und richtigem Umgang mit Holz keine wirkliche Gefahr für unsere Holzbauten dar.
Einige Besonderheiten zum Hausbock:
  – Er befällt nur Nadelholz, keine Laubhölzer.
  – Für die Eiablage benötigt er kleine Ritzen und Risse. Rissarme Balken erschweren seine Vermehrung.

- Der Hausbock ist recht gebietstreu. In Ortschaften, in denen Hausbockschäden unbekannt sind, ist sein Auftreten äußerst unwahrscheinlich. Sprechen Sie zur Sicherheit mit örtlichen Zimmerern und Holzverarbeitern.
- Mit zunehmendem Alter werden im Holz Eiweiß- und Stärkestoffe abgebaut. So werden schon 30–50-jährige Bauten gegen Hausbockbefall auf natürliche Weise »immun«.

Wenn Sie in einem typischen »Hausbockgebiet« bauen (Ortschaften, in denen Hausbockschäden bekannt sind), können Sie trotzdem ohne synthetische Chemie auskommen:
- Verwenden Sie Holz vom richtigen Zeitpunkt.
- Streichen Sie alle Holzbauteile vor dem Einbau mit einem Borsalzpräparat. Borsalz ist ein frei in der Natur vorkommender Stoff ohne synthetisch veränderte Molekularstruktur und wird von Baubiologen als unbedenklich eingestuft.
- Nähr- und Lockstoffe für den Bockkäfer nehmen im Holz rasch ab. Eine lange Lagerung, am besten mehrere Jahre vor dem Einbau, ist daher besonders wichtig.

Befallsrisiko Hausbock in Abhängigkeit des Bauholzalters:

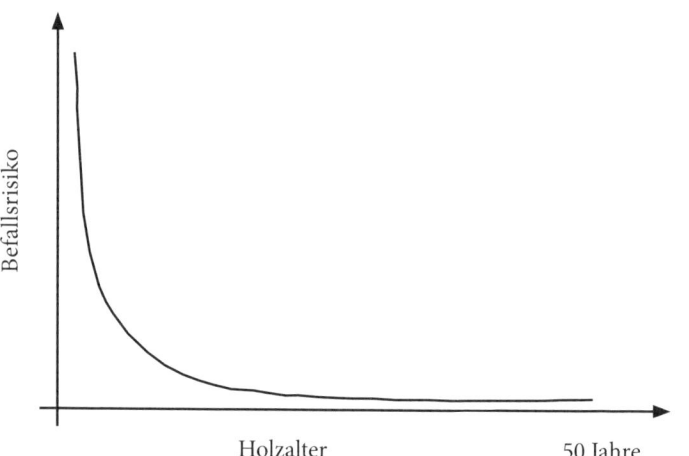

Die Skizze zeigt, dass mit zunehmendem Alter des verbauten Holzes die Wahrscheinlichkeit, vom Hausbock befallen zu werden, dramatisch abnimmt: je älter das Holz, desto geringer das Risiko. Fachleute gehen davon aus, dass 50 Jahre altes Holz praktisch »immun« gegen Hausbockbefall ist.

Sollten Sie diese Zeilen zu spät lesen und bereits mit einem Hausbockbefall konfrontiert sein, so müssen Sie dennoch nicht in Panik geraten: Werden befallene Holzteile länger als drei Stunden über 55 °C erhitzt (auch im Inneren des Holzes), so ist jegliches Insektenleben abgestorben. Kleine, mobile Holzteile wie Möbel können in der Sauna oder Trockenkammer behandelt werden. Befallene Dachstühle und Holzhäuser werden von Spezialfirmen mit Heißluft behandelt, sodass derselbe Zweck erreicht wird. Ein Wiederbefall nach erfolgter Bekämpfung ist bei älteren Hölzern praktisch auszuschließen.

208

Darüber hinaus gibt es zum Hausbockbefall noch eine interessante Beobachtung. Wer sich in einem Freilichtmuseum und bei alten Holzbauten umschaut, der wird bald feststellen, dass die allermeisten der alten Gebäude irgendwann Besuch vom Hausbock hatten. Die ovalen Bohrlöcher zeigen das. Trotzdem ist er in all diesen Bauten nicht bis zum Entstehen echter Bauschäden geblieben.

Warum zieht er meistens früh genug wieder aus?

Neben dem beschriebenen Umstand, dass der Hausbock altes Holz nicht mehr mag, bevorzugt er ausnahmslos das Splintholz, also nur die äußeren Zentimeter eines Stammes. Der größere Teil des Bauholzes besteht aber aus Kernholz mit viel weniger schmackhaften Inhaltsstoffen aus Käferlarvensicht.

In Summe heißt das, beim Entdecken vom Hausbock muss niemand in Panik geraten. Oft genügt es, Borsalz in die ersten Löcher zu spritzen und er verabschiedet sich bereits.

Seine Entwicklung geht ohnehin über Jahre. Es ist also keine Gefahr im Verzug.

Erst, wenn man dann immer noch rege Fraßtätigkeit erkennt, kann z. B. mit der Heißluftbehandlung Abhilfe geschaffen werden.

Wenn wir die Regeln der richtigen Holz- und Baumauswahl, des richtigen Holzerntezeitpunktes, der richtigen Lagerung und Trocknung sowie des konstruktiven Holzschutzes konsequent einhalten, ist jede Behandlung des Holzes mit giftiger Chemie überflüssig. Die ältesten erhaltenen Bauwerke sind nur aus Stein und unbehandeltem Holz erbaut und haben dennoch unbeschadet die Jahrtausende überstanden.

Holzkonstruktionen im Freien

Holz in der freien Witterung bildet einen Stoff, der von der Natur für den Abbau zu Humus vorgesehen ist. Ewige Haltbarkeit hölzerner Teile, die tagtäglich Wind und Wetter ausgesetzt sind, ist eine Illusion.

Dennoch können wir die Lebensdauer von Holz im Freien auf natürliche Weise wirkungsvoll verlängern:

Einige Hölzer (Lärche) verwittern um ein Vielfaches langsamer als andere Holzarten (Fichte, Kiefer). Zusätzlich zur Wahl besonders witterungsbeständiger Hölzer können wir noch Maßnahmen bei der Verarbeitung anwenden, die die abbauenden Prozesse weiter verlangsamen.

Einige Beispiele: Eine Holzterrasse im Freien kann unter ungünstigen Voraussetzungen schon nach drei Jahren zusammenbrechen (z. B. schnell gewachsenes Fichten- oder Kiefernholz, zu einem ungünstigen Zeitpunkt im Sommer geerntet und so verbaut, dass das Wasser lange auf dem Holz stehen bleibt).

Eine Holzterrasse aus langsam gewachsener Hochgebirgslärche, die zum richtigen Zeitpunkt geerntet und richtig verbaut wurde, kann Ihnen dagegen bis zu 30 Jahre dienen. Dieselbe Terrasse aus splintfreier Eiche ist zwar teurer, aber sie erreicht auch eine jahrzehntelange Funktionsdauer.

Schädlich für jede Holzkonstruktion im Freien sind stehendes Wasser und Faserverletzungen, etwa durch Schrauben.

An den Schraubenköpfen wird die Faser aufgerissen, Wasser bleibt stehen und die Bretter faulen hier oft schon

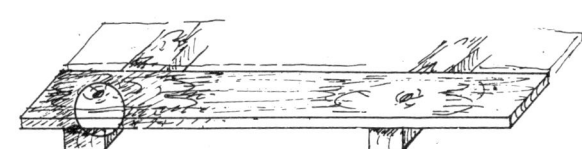

Stehendes Wasser auf waagrechtem Holz halbiert dessen Lebensdauer.

zur halben Zeit durch, während das restliche Holz noch intakt ist.

Ist die Terrasse zu groß und zu schwer, um von unten zu schrauben, so sollte die Fläche in entsprechende Segmente geteilt werden.

Dasselbe Prinzip gilt für Balkonabdeckbretter und alle ähnlichen Konstruktionen.

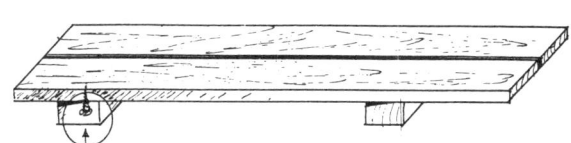

Terrassenbalken – von unten geschraubt, schräg verlaufend

Die Unterlagshölzer sind abgeschrägt. Die Terrassendielen liegen auf Keilen, die schmäler sind als die Diele selbst. Die Terrasse soll insgesamt ein leichtes Gefälle aufweisen, sodass das Wasser von den Dielen abrinnen kann.

Vermeiden Sie bei Hölzern im Freien exakt waagrechte Flächen. Durch diese einfache Erkenntnis in Verbindung mit dem Einsatz unserer heimischen, verwitterungsfesten Holzarten (Lärche, Eiche, Robinie) und der Holzernte zum richtigen Zeitpunkt erreichen Sie eine längere Nutzungsdauer als durch chemische Holzschutzmittel.

Balkongeländer mit Schindeldach

Ein Holzschindeldach an einem Balkongeländer erhöht die Lebensdauer der Brüstung um ein Vielfaches.

Abgeschrägte Querträger des Gartenzaunes bringen mehr als jeder Anstrich an einem konstruktiv falschen Zaun.

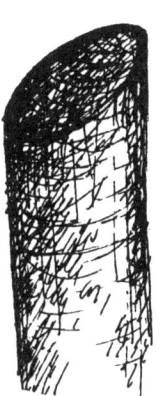

Pfähle abschrägen

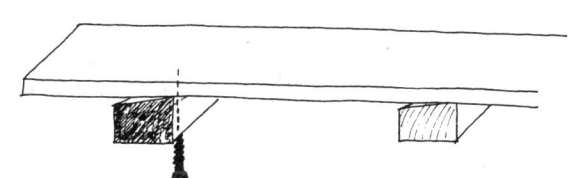

Wenn auf eine ebene Fläche nicht verzichtet werden kann:
Brett mit stehenden Jahresringen von unten geschraubt.

Holzpflege

Wohl kaum ein Baustoff ist in den letzten Jahrzehnten so
zu Unrecht in den Ruf gekommen, schwer zu pflegen zu
sein, wie Holz. Aber auch keinem anderen Bau- und
Werkstoff wurden so viel bedenkliche, zum Teil sogar giftige Anstriche verabreicht. Viele Menschen sind nun unsicher, wie sie Holzoberflächen behandeln, pflegen und
schützen sollen.

Ein Anstrich …

Verwendungszweck	erhöht die Lebens- dauer und erhält die Funktion	erleichtert die Pflege	ist nicht erforderlich, außer zur optischen Gestaltung
Holzspielzeug		▼	▼
Möbel		◆	
Holzfußböden		◆	

Schalungen, Verkleidungen innen		▼	
Schalungen, Verkleidungen außen	▼		▼
Bauholz unter Dach			◆
Wintergärten		▼	◆
Holzdecken			◆
Fenster	◆		
Türen		◆	
Gartenmöbel	▼		
Holz im Garten (Pergola, Terrasse, Zäune usw.)	▼		▼
Werkzeugstiele			◆

◆   *wird empfohlen*
▼   *nicht unbedingt erforderlich, verbessert aber das Ergebnis*

Wer lebendiges Holz genießen will, denkt am besten über Anstriche mit Naturfarben nach oder lässt Holz überhaupt unbehandelt.

Naturfarben bestehen aus frei in der Natur vorkommenden Stoffen, wie Pflanzenölen, Harzen, natürlichen Wachsen und Mineralien.

Kaufen Sie bevorzugt Farben und Anstriche, bei denen der Hersteller eine vollständige Auflistung aller Inhaltsstoffe mitlicfert. Ein guter Holzanstrich soll atmen und die Poren des Holzes nicht versiegeln, damit Sie Ihr Holz nicht nur optisch, sondern auch durch seine Atmung,

durch die warme Oberfläche und durch den Feuchtig-
keitsaustausch mit der Luft genießen können.

Sonne und Holz

Eines vorweg: Dieses Thema berührt in erster Linie Holzoberflächen im Außenbereich, wie etwa Holzfassaden. Im
Hausinneren hinterlässt die Sonne außer leichten Färbungen kaum Spuren am Holz.

Können Sie sich vorstellen, dass alle Menschen dieselbe Gesichts- und Haarfarbe haben? Gott sei Dank ist es
nicht so. Wir erklären unseren Kindern auch, dass sie
Achtung haben sollen vor den weißen Haaren alter Menschen. Die Furchen und Falten in deren Gesicht sind wunderbare, ehrliche und beeindruckende Zeugnisse ereignis-
reicher Jahrzehnte.

Als Kinder saßen wir oft neben dem Opa und betaste-
ten mit unseren zarten Fingern die hervortretenden Adern
seiner sehnigen Hände. Es war ein wunderbares Spiel, die
Adern kurz zuzuhalten und danach zu beobachten, wie
das durchströmende Blut sie wieder aufquellen ließ. Wie
unverständlich wäre es für uns gewesen, hätte jemand
verlangt, dass Opas Hände nach all den Jahren als Zimmermann die gleiche Farbe haben sollten wie unsere jungen Kinderhände.

Warum stellen wir aber an die Haut unserer Holzbauten so oft die Forderung, ewig jung und neu auszusehen?
Warum verlangen wir, dass ein Holzbau von allen Seiten
und zu allen Zeiten den gleichen gelben, braunen oder wie
auch immer gestrichenen Farbton haben muss? Viele ur-

alte Holzbauten haben nie einen Anstrich gesehen. Mit der Lebensdauer eines Holzhauses haben Farbe und Pinsel wenig zu tun!

Mit dieser Ausrüstung bewaffnet, dulden viele Menschen keine Unbefangenheit im Umgang mit den hölzernen Gesichtern ihrer Bauten und versehen sie mit einem Schutzanstrich. Aber schon wenige Jahre später wird die Freude am Holzhaus durch die mühselige Arbeit mit Schleifpapier und Drahtbürste an abblätternden Farbanstrichen getrübt.

»Aber unbehandelte Holzfassaden werden doch fleckig und später grau und braun!« Solche Ängste und Bedenken tragen viele Holzhausbesitzer mit sich herum.

Damit Sie die richtige Oberflächenbehandlung für Ihr Haus finden, sollen die Wirkungen der Sonne auf das Holz kurz besprochen werden:
1) Die verwitternde, holzabbauende Wirkung der Sonne
2) Die optische, holzfärbende Wirkung

1) Die verwitternde, holzabbauende Wirkung der Sonne
Ultraviolettes (UV-)Licht bewirkt grundsätzlich einen leichten Abbau des Holzes. Diese Zersetzung ist aber ein äußerst langsamer Prozess, der erst nach Jahrhunderten tiefe Spuren zeigt. Für konstruktiv richtig verarbeitetes Holz ist deshalb ein Farbanstrich als Schutz gegen Sonnenlicht nicht erforderlich. Einzig bei Holzfenstern ist ein Anstrich mit unbedenklichen Naturfarben zu empfehlen. Die oft gehörte Aussage, dass Farbpigmente gegen Sonnenlicht schützen, ist zwar grundsätzlich richtig. Aber es fehlt der Zusatz, dass

sich Holz von allein am besten und passendsten färbt. Ist ein Anstrich zu hell, ist der versprochene UV-Schutz nicht gegeben. Wird zu dunkel gestrichen, entstehen unnatürliche Erhitzungen des Holzes durch die Sonne. Hatten Sie schon einmal das »Vergnügen«, mit dunkler Kleidung im Hochsommer längere Zeit in der Sonne stehen oder besser braten zu müssen? Wenn ja, können Sie sich gut in eine Fassadenschalung hineindenken, die mit einem zu dunklen Anzug in Form eines Farbanstriches versehen wurde und sich nun stark erwärmt. Hohe Temperaturschwankungen (Tag/Nacht) bewirken verstärkte Rissbildungen im Holz und der erwünschte Schutzeffekt ist wieder zunichte gemacht und ins Gegenteil umgekehrt worden.

Der springende Punkt ist: Im Laufe einiger weniger Jahre schützt sich das Holz von allein viel besser gegen die UV-Strahlung, als das jeder Anstrich kann. Durch die Sonnenstrahlung färbt sich das Holz. Und zwar an jeder Seite des Hauses in dem Farbton, der entsprechend dem Einstrahlungswinkel der Sonne den besten Schutz ergibt.

Alle alten Holzbauten haben Jahrhunderte überstanden, indem sie sich ohne Anstrich im Sonnenlicht so färbten, wie es dem optimalen UV-Schutz entspricht.

An jeder Seite eines Holzbaues kann ein anderer Farbton beobachtet werden, genauso vielfältig wie die Natur selbst. Warum sind wir so fantasielos und streichen alle Holzteile unserer Gebäude in einer einheitlichen Farbe?

Aber damit kommen wir schon zur zweiten Wirkung der Sonnenstrahlen auf Holzoberflächen:

2) **Die optische, holzfärbende Wirkung der Sonne**

Fragen des persönlichen Geschmacks oder einer Modewelle zu diskutieren, ist nicht die Absicht dieses Buches. Dennoch möchte ich Ihnen an dieser Stelle einige Gedanken mitgeben, die Ihnen bei der Suche nach der besten Variante für Ihren Bau vielleicht einige interessante Blickwinkel eröffnen: Wenn ein Landschaftsfotograf Gebäude für schöne, harmonische Bilder sucht, sind dies meist alte Häuser, die niemals gestrichen wurden. Häuser, deren Äußeres Furchen und Färbungen aufweist, die mehr erzählen als viele Worte. Jeder Betrachter spürt die Harmonie solcher Bauten mit ihrer Umgebung.

Warum haben immer noch so wenige Architekten und Bauherren den Mut, ihre Häuser durch die Sonne und Witterung färben zu lassen? Am Geld kann es nicht liegen – denn die Sonne arbeitet kostenlos.

Wir besuchen Freilichtmuseen und lassen uns von den alten sonnengebräunten Holzfassaden begeistern. Fahren Sie durchs Land und beobachten Sie Holzbauten und Fassaden neuerer Häuser. Sie werden sich sicher fragen: »Wo sind all die Freilichtmuseumsbesucher, die die alten Holzhäuser so schön finden?« Zuhause angekommen, müssen sie alle ihre Eindrücke schon wieder vergessen haben. Denn fast alle Häuser sind an allen Seiten in der gleichen Farbe gestrichen.

Bevor Sie zu Farbe und Pinsel greifen, noch eine Frage: Haben Sie sich die Kosten für Arbeit, Material und die laufenden Renovierungen ausgerechnet? Bei einer konstruktiv richtig gebauten Fassade können Sie diese

Kosten zur Gänze einsparen. Aber: Bauten, bei denen konstruktive Mängel vorliegen, können mit keinem Anstrich der Welt erhalten werden. Hier müssen zuerst die konstruktiven Fehler behoben werden.

Abschließend ein Tipp: Wenn Sie sich mit der Färbung eines Holzhauses durch die Sonne nicht anfreunden können und Ihre Holzfassade streichen möchten, verwenden Sie keine Anstriche, die Ihre Gesundheit und die Umwelt gefährden. Gute Naturfarben erhalten Sie im einschlägigen Fachhandel. Vertrauenswürdige Naturfarbenhersteller erkennen Sie an der Bereitschaft, alle Inhaltsstoffe einer Farbe bekanntzugeben.

Sägerau oder gehobelt?

Eine Frage, die im Zusammenhang mit Schutz gegen UV-Licht und Verwitterung häufig auftritt: Sollen Holzoberflächen im Außenbereich gehobelt werden oder sägerau bleiben?

Argumente für eine gehobelte Oberfläche:
- An der glatten Oberfläche fließt das Wasser besser ab und das Holz wird schneller trocken.
- Dort, wo Ihre Hände direkt mit dem Holz in Berührung kommen (z. B. Hausfassade im Erdgeschoss oder bei Balkonen), ist gehobeltes Holz besser, weil es nicht schiefert.
- Falls die Bretter gestrichen werden, ist bei gehobelten Brettern viel weniger Farbe erforderlich.
- Optische Gründe und Geschmack.

Die oft vertretene Ansicht, dass sägeraues Holz für bestimmte Insekten (Klopfkäfer) zur Eiablage günstiger ist als glattgehobelte Hölzer, würde ich bezweifeln.

Ausreichenden Schutz gegen Insekten finden wir in erster Linie durch Einbau entsprechend trockener Hölzer, durch Holzernte reifer Bauhölzer zum richtigen Zeitpunkt und durch konstruktiven Holzschutz (dauerhafte Trockenheit verbauter Hölzer).

Argumente für eine sägeraue Hausfassade:
- Kostengünstiger – der Hobelaufwand fällt weg.
- Weniger Holzverbrauch bei gleicher Nutzstärke der Bretter.
- Optische Gründe: Wenn eine Fassade nicht gestrichen wird, vergraut sägeraues Holz gleichmäßiger als gehobelte Flächen, die zuerst stärkere Flecken bekommen.

Netzwerk

Wer all die geschilderten Erlebnisse und Überlegungen gelesen hat, war über die eine oder andere Begebenheit sicher erstaunt. Vielleicht haben Sie sich auch gefreut, für ein persönliches Anliegen eine Antwort oder einen brauchbaren Weg gefunden zu haben. Vielleicht fanden Sie aber auch eine Erkenntnis oder Begebenheit aus Ihrem eigenen Leben wieder.

Nachdem wir in unserem Betrieb begonnen hatten, die Arbeit mit Holz den Gesetzen der Natur anzupassen und in natürliche Kreisläufe und Rhythmen einzufügen, fanden sich immer mehr Menschen, die diesen Weg auf verschiedenste Weise unterstützt haben. Fäden wurden gesponnen. Staunen, Freuen, Lachen, Helfen und Danken: All das fügte sich zu einem Netzwerk, das langsam und beständig wächst.

Darf ich Sie, liebe Leserin, lieber Leser, einladen, mitzuhelfen und mitzugehen? Schreiben Sie mir, wenn Sie über interessante Erlebnisse, Unterlagen oder Informationen zum Thema »Leben mit Holz« verfügen. Wir wollen uns bemühen, dass diese wertvollen Erkenntnisse all jenen Menschen zur Verfügung stehen, die danach suchen:

info@thoma.at
www.thoma.at

oder

Erwin Thoma
Hasling 35
5622 Goldegg, Österreich

Danke

... an alle, die zum Gelingen dieses Buches beigetragen haben. Und ein besonderes Dankeschön, wenn Sie dieses Buch verborgen und verschenken und so die Botschaft der Bäume weitertragen.